KB167947

처음부터 화학이
이렇게 쉬웠다면

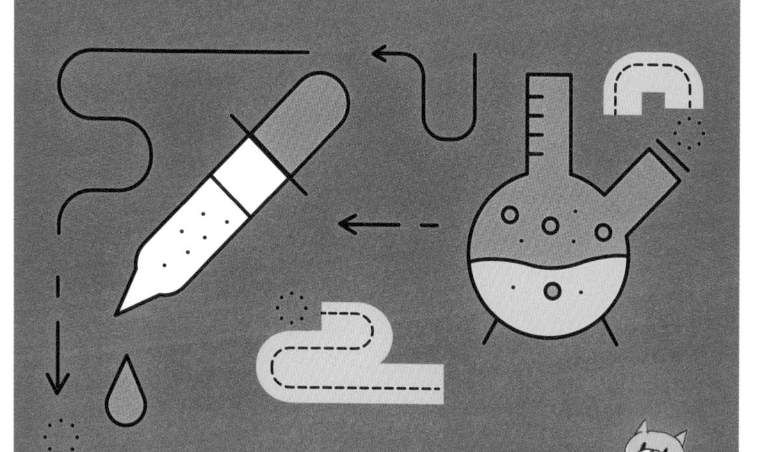

처음부터 화학이 이렇게 쉬웠다면

사마키 다케오 지음 | 전화윤 옮김 | 노석구 감수

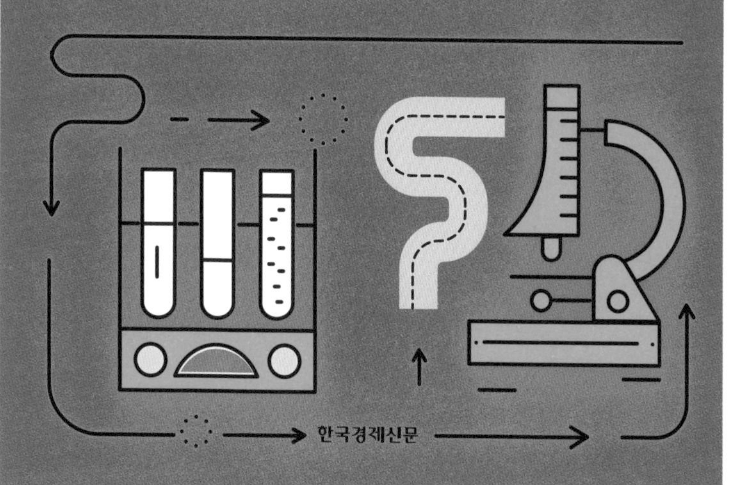

한국경제신문

저자의 말

많은 사람들이 과학을 더 쉽게 이해하고 싶어 한다. 과학은 복잡하고 다가가기 어려운 학문이라는 인식이 강하기 때문이다. 한편 과학을 전공한 전문가들도 대중에게 과학을 더 쉽고 친숙하게 전달하고 싶어 한다. 좀 더 많은 이들이 과학에 관심을 가졌으면 하는 바람이 있기 때문이다. 그래서 시중에는 전문가들이 생활 속 과학 사례를 이야기로 풀어 출간한 책이 많다. 쉬운 과학책을 찾는 독자의 욕구와, 독자의 흥미를 유발하고자 하는 저자의 욕구가 만난 결과다.

나 역시 같은 생각이었다. 나는 중·고등학교 과학 교과서를 만드는 집필자이자 편집위원이고 현장에서 학생들을 가르치는 선생님이었다. 30여 년간 교단에서 과학에 흥미를 느끼지 못하는 학생들을 바라보며 과학이 얼마나 신기하고 흥미진진한 학문인지 알려주고 싶었다.

그러나 정부의 지침에 따라 만들어야 하는 교과서는 많은 부분에 제한이 있어, 교과서만으로는 학생들에게 그 재미를 전달하기가 힘들었다. 그래서 생활에서 찾을 수 있는 과학 지식과 다양한 실험 사례를 이야기로 풀어낸《재밌어서 밤새 읽는 화학 이야기》,《재밌어서 밤새 읽는 물리 이야기》 등을 집필했고, 다행히 이 책들이 독자들의 큰 사랑을 받아 베스트셀러가 되었다. 너무나 감사한 일이다.

그런데 이러한 책들이 많이 나오고 베스트셀러가 되어도, 사람들은 여전히 과학을 낯설고 어렵게 느끼는 것 같았다. 화학, 물리, 생물 등 과학 과목 역시 학생들이 여전히 배우기 싫어하는 과목이었다. 그래서 다시 고민을 시작했다. 무엇이 문제일까?

그러던 중 이 수많은 교양 과학서의 한계가 어디에 있는지 깨달았다. 대부분의 책이 과학에 대한 호기심은 자극했지만 실제로 정돈된 지식을 쌓는 데는 도움을 주지 못하고 있었다. 사례 위주로 다루다 보니 파편적 지식들을 짤막하게 소개하는 데 그칠 수밖에 없기 때문이다.

그러면 아무리 즐겁게 읽은 내용이라도 쉽게 휘발되어 버린다. 재미난 이야기로 구성된 과학책을 많이 읽어도 여전히 과학이 어렵게 느껴지는 이유가 여기에 있었던 것이다.

따라서 나는 생활 속 과학 이야기가 아닌, 과학의 기초를 쉽고 재미있게 전달해주는 과학 시리즈를 쓰기로 마음먹었다. 기본 원리 자체를 모르면 아무리 흥미로운 사례를 풍부하게 읽는다 해도 자기만의 지식이 되지 않기 때문이다. 그 결과물이 바로《처음부터 과학이 이렇게 쉬웠다면》시리즈다. 초 · 중등 과학 교과 과정에서 다루는 핵심 내용을 화학, 물리, 생물로 나누어 뽑은 후 기초 원리를 차근차근 설명했다. 귀여운 야옹 군과 박사님 캐릭터가 소개하는 그림 자료도 풍성하게 넣어 읽는 재미에도 신경을 썼다. 청소년뿐 아니라 교양 과학에 관심이 많은 성인 독자도 즐겁게 읽으면서 핵심 원리를 기억할 수 있는 책이 되도록 노력했다. 그렇게 주요 원리를 익히고 나면 수많은 교양 과학서들이 더 깊이 있게 눈에 들어올 것이다. 모쪼록 신비로운 과학의 세계를 전체적으로 파악하고 기본이 되는 뼈대를 세우고, 무엇보다 과학적 사고방식을 장착하는 데에 이 시리즈가 도움이 되길 바란다.

사마키 다케오

제1장
물질을 탐구하는 게 화학이야

제2장
세상은 모두 원자로 이루어져 있어

제3장

물에 물질을 녹였을 때

제4장

이토록 흥미로운 상태 변화

제5장
이렇게 재미있는 화학 변화

제6장
우리 주변에 둥둥 떠다니는 이온

제1장

물질을 탐구하는 게 화학이야

▼

물질은 반드시 질량과 부피를 지닌다. 반대로 질량과 부피를 가지고 있다면 그것은 물질이다. 물질은 세 가지 상태, 즉 고체, 액체, 기체 상태로 존재하는데, 각 상태에는 어떤 차이가 있을까?

·1· 물질이란 무엇일까?

자연과학은 '물질'에 관해 연구하는 분야다. 물질은 아무리 작아도 질량과 부피를 가지고 있다. 반대로 질량과 부피를 가지고 있다면 그것은 물질이라는 뜻이다.

● 질량은 결코 변하지 않는 물질의 양

물질의 질량이란 모양이 바뀌든 상태가 변하든, 운동 중이든 정지해 있든, 지구 위에서든 달 위에서든, 변하지 않는 실질적인 양을 말한다(그림 1).

그러므로 A라는 물질에 B라는 물질을 더하면 반드시 A와 B의 질량을 더한 값이 나온다. 예를 들어, 물 100g에 설탕 10g을 녹이면 110g의 설탕물이 만들어진다.

물질의 질량 단위로는 mg(밀리그램), g(그램), kg(킬로그램) 등이 있다. g앞에 붙는 m(밀리)와 k(킬로)로 단위의 크기가 바뀐다. m가 붙으면 바로 그 뒤에 나오는 단위의 1,000분의 1이 되고, k가 붙으면 1,000배가 된다.

- $1\text{mg} = \frac{1}{1,000}\text{g}$
- $1\text{kg} = 1,000\text{g}$

● 부피는 물질이 차지하는 공간의 크기

물질의 부피는 그 물질이 차지하고 있는 공간(단독으로 차지하는 장소)의 크기를 말한다.

단위로는 mL(밀리리터), L(리터), cm^3(세제곱센티미터) 등이 있다. 여기서 mL와 cm^3는 나타내는 공간의 크기가 같은 단위다.

그림 1 질량과 무게는 다른 개념

질량과 무게는 다른 의미야.
무게는 질량의 의미로도 쓰이고 지구가
물체를 당기는 힘이라는 의미로도 쓰이지.
지구에서는 질량과 무게가
비례하기 때문에 혼용해도
일상생활에는 지장이 없지만
엄밀히는 다른 개념이야.

문제 $1m^3$는 몇L일까?

1L = 1,000mL = (　　　ㄱ　　　) cm^3이므로

$1m^3$ = 1m × 1m × 1m

= 100cm × 100cm × 100cm

= (　　ㄴ　　) cm^3

= (　　ㄷ　　) L

정답 ㄱ: 1,000　ㄴ: 1,000,000　ㄷ: 1,000

● 먹은 음식만큼 체중도 늘어날까?

만약 1kg짜리 도시락을 먹었다면, 식사 후 체중은 얼마나 늘어날까(그림 2)?

(가) 음식물이 배 속에 들어간 것뿐이므로 체중 자체는 늘지 않는다

(나) 음식물은 배 속에 들어가면 소화되므로 1kg까지는 늘지 않지만 몇 백g 정도는 늘어난다

(다) 소화되든 흡수되든 모두 체중에 더해지므로 딱 1kg 늘어난다

그림 2 먹은 음식물은 어떻게 될까?

체중이 58.5kg인 사람이 정확히 1kg의 밥과 반찬을 먹은 다음 체중을 재면 어떻게 될까?

정확히 59.5kg이 된다. 식사 후 바로 쟀다면 딱 1kg가 늘어난다, 즉 (다)가 정답이다(그림 3).

● 시간이 지나면 체중은 어떻게 변할까?

그렇다면 식사 후 시간이 흐르고 나서는 어떨까? 음식물이 몸속에서 어떻게 변하는지 알아보려고 체중의 변화를 연구한 과학자가 있다. 바로 이탈리아의 의사 산토리오 산토리오(Santorio Santorio, 1561~1636)다.

그림 3 식사 직후의 체중

산토리오는 앉은 채로 체중을 잴 수 있는 의자식 저울을 설계해 제작을 의뢰했다. 그리고 하루 종일 그 저울 의자에 앉아서 먹고 마시고 대소변까지 해결했다. 체중은 그때마다 변화했다. 그는 음식, 음료, 대변, 소변 등의 모든 질량을 잴다.

쉽게 생각하면 섭취한 식사와 음료 등 음식물의 질량에서 대소변의 질량을 뺀 만큼 체중이 늘어날 것 같지만, 실험 결과 예상보다 체중 증가량은 적었다(그림 4).

그림 4 시간이 흐른 뒤의 체중

● 먹은 게 어디로 갔을까?

여기서 산토리오는 "섭취한 음식의 일부는 인간의 눈에는 보이지 않는 형태로 몸 밖으로 빠져나가 버렸을 것이다. 그래서 그만큼 체중의 증가가 적었을 것"이라고 생각했다.

그렇다면 몸 밖으로 빠져나간 것은 대체 무엇일까? 그것은 피부 표면에서 증발되는 수분이다(그림 5). 가만히 있어도 하루에 약 0.8~1L의 수분이 우리 피부 표면에서 대기 중으로 빠져나간다. 약 0.8~1L는 질량으로 말하면 약 800~1,000g이다. 한편 섭취한 음식은 소화 과정을 거친 뒤 이산화 탄소가 되어 호흡으로도 빠져나간다.

그림 5 다시 가벼워지는 몸

·2· 기체도 부피가 있다고?

컵 아래쪽에 휴지를 구겨넣은 뒤 거꾸로 물속에 담가보자(그림 6). 이때 휴지는 젖을까, 젖지 않을까?

신기하게도 젖지 않는다. 컵 안에는 공기가 있고, 그 공기가 그만큼의 공간을 차지하고 있어서 물이 들어갈 수 없다. 여기서 알 수 있는 점은 공기에도 부피가 있다는 사실이다. 만약 컵 바닥 등에 구멍이 뚫려 있었다면 물이 들어갔을 것이다. 물이 들어간 만큼 구멍을 통해 공기가 빠져나가므로 물이 들어올 수 있는 것이다.

그림 6 기체도 공간을 차지한다

·3· 밀도는 물질의 고유한 특성

물질의 질량을 부피로 나누면 1cm^3(또는 1mL)당 질량을 구할 수 있다. 이것이 바로 '밀도'다(그림 7).

● 물질의 종류에 따라 달라지는 밀도

밀도는 물질의 종류로 결정되므로 물질을 구별하는 단서가 된다. 단위는 g/cm^{3}로, 세제곱센티미터당 몇 그램으로 읽는다('그램 매 세제곱센티미터'라고도 한다).

그림 7 밀도란 무엇일까?

$$밀도 = \frac{질량(g)}{부피(cm^3)}$$

가볍다 알루미늄 < 구리 < 금 무겁다

밀도가 높을수록 같은 부피에서도 무겁다.

● '무겁다', '가볍다'라는 말의 진짜 의미

평소 우리가 쓰는 '무겁다 · 가볍다'라는 말은 ① '전체 질량이 크다 · 작다'를 뜻하는 경우도 있고 ② '밀도가 높다 · 낮다'를 뜻하는 경우도 있다. '철 1kg과 솜 1kg 중 어느 쪽이 무거울까?' 하는 질문을 받았을 때 보통 '철 1kg'라고 대답하게 되는 것은 밀도를 기준으로 생각했기 때문이다(그림 8).

그림 8 철 1kg과 솜 1kg 중 어느 쪽이 무거울까?

● 물에 뜨는 물질, 가라앉는 물질

액체에 여러 물질을 넣어보면 뜨거나 가라앉는다(그림 9). 이 차이로 물질의 밀도를 알 수 있다.

액체보다 밀도가 낮으면 뜨고, 높으면 가라앉는다. 즉, 물에 뜨는 물질은 물보다 밀도가 낮고, 물에 가라앉는 물질은 물보다 밀도가 높은 것이다.

그림 9 뜨고 가라앉는 성질과 밀도의 관계

드레싱을 예로 들어보자.

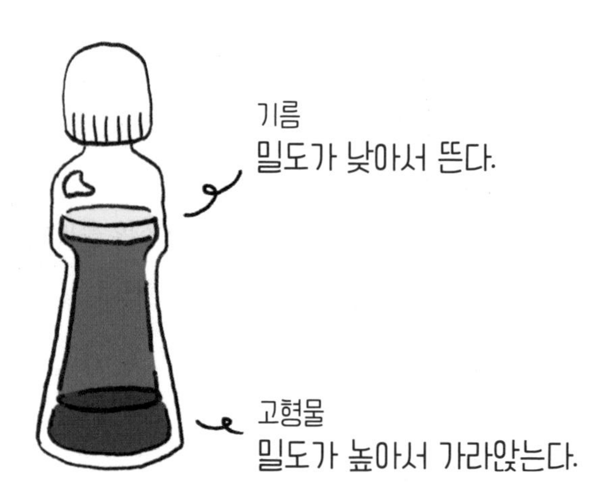

◎ 철이 둥둥 뜨는 액체가 있다고? ◎

체온계에 들어 있는 은색 액체는 수은이다. 밀도는 13.6g/cm^{3}으로, 같은 부피일 경우 물의 13.6배나 무겁다.

철의 밀도는 7.9g/cm^{3}이므로 이 수은에 철로 된 구슬을 넣으면 동동 떠오른다.

금의 밀도는 19.3g/cm^{3}이므로 수은에 가라앉는다.

그림 10 수은은 철을 띄울 수 있다

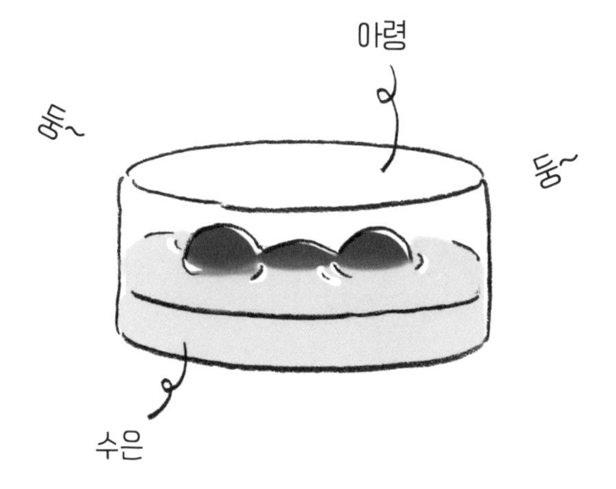

◎ 우리 몸의 밀도는 얼마일까? ◎

우리 몸의 평균 밀도는 물과 거의 같은 $1g/cm^3$이다. 숨을 크게 들이마신 채로 멈춰 있을 때는 물보다 조금 낮고, 숨을 크게 뱉은 채 멈춰 있을 때는 물보다 조금 높다.

우리의 몸은 폐에 공기가 가득 차 있으면 물에 뜬다. 반대로 폐에서 공기를 거의 다 뱉어버리면 물에 가라앉게 된다. 물에 뜬다고

그림 11 폐의 공기가 우리를 물에 띄운다

해도 둥둥 뜨는 것은 아니고, 하늘을 보고 누웠을 때 얼굴과 몸의 일부가 물 밖으로 나오는 정도다. 폐에 공기가 가득 찼더라도 만약 몸의 밀도가 물의 밀도보다 높으면, 그 사람은 아무리 물장구를 쳐도 가라앉는다. 이런 사람이 이른바 '맥주병'인 것이다.

한편 물에 빠져 정신을 잃은 사람이 물속으로 가라앉는 이유는 폐에 물이 들어갔기 때문이다.

◎ 달걀을 깨뜨리지 않고 신선도를 알아보자 ◎

신선한 달걀의 밀도는 1.08~1.09g/cm^{3}이다. 달걀은 오래될수록 껍질의 구멍에서 수분이 증발하고, 그 대신 기실(달걀의 뾰족한 쪽에 공기가 차 있는 부분)이 커진다. 액체인 물보다 공기가 훨씬 가볍기 때문에 전체적으로 무게는 가벼워지지만, 전체 부피는 바뀌지 않으므로 결국 밀도가 낮아진다.

달걀을 10% 소금물(질량을 기준으로 물:소금의 비율이 9:1)에 넣어보자. 10% 소금물의 밀도는 1.07g/cm^{3}이다. 이것은 신선한 달걀의

그림 12 소금물로 달걀의 신선도 알아보기

밀도보다 낮으므로 신선한 달걀이라면 반드시 소금물에 가라앉는다. 달걀이 오래되면 밀도가 1.07g/cm^3 이하로 떨어져 소금물 속에 서 있거나 뜨게 된다. 한편 15% 소금물의 밀도는 1.1g/cm^{3}이므로 신선한 달걀을 넣어도 떠오른다.

그럼 설탕물에서는 어떨까? 설탕물(20℃ 기준)의 밀도가 15%의 소금물과 거의 같아지게 하려면 25% 설탕물(1.1g/cm^3)을 준비해야 한다(질량을 기준으로 물과 설탕의 비율이 4:1이다). 이 설탕물에서는 달걀이 뜬다.

그림 13 사람도 소금물에 뜬다?!

·4· 물질, 너 지금 고체야, 액체야, 기체야?

물질의 상태는 크게 고체, 액체, 기체, 이 세 가지로 나눌 수 있다(그림 14~16).

물은 고체 상태에서는 얼음, 액체 상태에서는 물, 기체 상태에서는 수증기다. 똑같은 물이 세 개의 얼굴을 지니고 있는 셈이다. 물뿐 아니라 거의 모든 물질은 세 가지 상태로 변화한다. 물질의 상태에 대해서는 이후 더 자세히 살펴보도록 하자.

그림 14 고체 상태

그림 15 액체 상태

용기에 담으면 용기 모양대로
변하고 꺼내면 흐른다.

그림 16 기체 상태

눈에 보이지 않는다.
가두면 탄력성을 띤다.

제2장

세상은 모두 원자로 이루어져 있어

형태를 갖추고 있는 사물은 어떤 특징에 주목하느냐에 따라 '물체'와 '물질'로 구분할 수 있다. 화학에서 다루는 부분은 기본적으로 '물질'이다. 물질에는 수천만 종류가 있다. 이번 장에서는 모든 물질이 약 100종류의 원자로 이루어져 있다는 것을 배워볼 것이다. 또한 원자 수준에서의 물질에 관해서도 공부해보자.

·1· 물체와 물질은 어떻게 다를까?

우리 주변에는 다양한 물체와 물질이 있다. 우리는 이들을 관찰하거나 사용할 때 그것의 형태, 크기, 용도, 재료 등에 주목해 구분한다. 특히 형태나 크기 등 외관에 주목하는 경우에는 그 자체를 '물체'라고 한다. 예를 들어 컵은 유리로 된 것, 종이로 된 것, 금속으로 된 것 등이 있는데, 여기서 컵은 '물체'이고, 컵을 만드는 재료, 즉 유리, 종이, 금속에 주목한 경우에는 그 재료를 '물질'이라고 부른다. 간단히 말하자면 물질은 '물체의 재료'라고 할 수 있다.

● 물체와 물질 구별하기

앞으로 물체와 물질이라는 말이 자주 등장할 것이다. 물체는 형태와 크기 등 외관에 주목하므로 힘과 운동 등 물리 분야에서 흔히 쓰인다. 물질은 '무엇으로 만들어져 있는가', 즉 재료에 주목하기 때문에 화학 분야에서 자주 쓰인다.

·2· 물질을 계속 쪼개면 원자만 남아!

세상의 모든 물질은 원자로 이루어져 있다. 생물의 몸, 즉 우리의 몸도 원자로 구성되어 있다.

원자는 다음과 같은 성질이 있다(그림 1).

① 원자는 매우 작다. 원자 하나의 크기(직경)는 대체로 1cm의 1억분의 1정도다. 즉, 1억 배를 곱하면 1cm가 되는 크기다.

그뿐만 아니라 원자는 매우 가볍지만 실제 질량은 종류에 따라 다르다. 그중 가장 가벼운 수소 원자 1개는 약

0.0000000000000000000000017g

이다. 이는 약

600,000,000,000,000,000,000,000개

가 모여야 1g이 되는 질량이다.

② 원자는 더 이상 쪼갤 수 없다.

③ 같은 종류의 원자는 모두 같은 크기, 같은 질량이다. 종류가 다르면 크기와 질량도 다르다. 따라서 원자는 종류에 따라 질량과 크기가 정해져 있다.

④ 원자는 다른 종류의 원자로 변하거나 없어지거나 새로 생기거나 하지 않는다.

● 물질은 어떻게 구성되어 있을까?

물질은 크게 다음의 세 가지로 나눌 수 있다.

① 수많은 원자가 모여 이루어진 것

→ 금속, 탄소 등

② 원자끼리 연결되어 분자라는 알갱이가 만들어지고 그 분자가 모여서 이루어진 것

→ 산소, 수소, 물, 이산화 탄소, 에탄올, 설탕 등

③ 이온이라 불리는, 전기적 성질을 띠는 원자가 모여 이루어져 있는 것

→ 염화 나트륨, 수산화 나트륨, 산화 구리, 산화 마그네슘 등

그림 1 원자란 무엇인가?

원자는 더 이상 나눌 수 없다.

원자는 종류에 따라 질량과 크기가 결정되어 있다.

원자는 다른 종류의 원자로 변하거나 없어지거나
새로 생기지 않는다.

·3· 원자·분자와 물질의 상태

물질의 세 가지 상태인 고체, 액체, 기체를, 원자 · 분자 차원에서 생각해보면 어떻게 될까?(그림 2, 3) 우선 분자로 이루어져 있는 물질에 대해 생각해보자(원자로 되어 있는 물질도, 이온으로 되어 있는 물질도 기본적으로는 똑같다).

분자는 서로가 서로를 끌어당긴다. 그뿐 아니라 분자는 활발하게 운동하고 있다. 이것을 '분자 운동'이라고 한다. 분자 운동은 온도가 높을수록 활발하다. 운동이 활발해지면 붙어 있던 분자들이 서로 떨어지기 쉬운 상태가 된다. 한편으로는 서로 끌어당겨 함께 있으려고도 하고, 또 한편으로는 따로따로 흩어지려고도 하는 것이다. 물질의 상태는 이 두 가지 성질이 균형을 이루면서 결정된다.

그림 2 고체에서 액체로의 변화

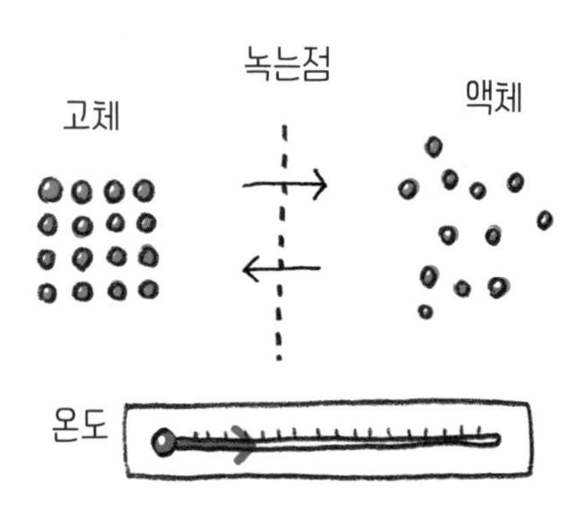

● 고체와 액체는 분자가 서로 끌어당기는 상태

고체 상태에서 분자는 서로 끌어당기는 힘이 강하고 분자 운동은 약하기 때문에 나란히 줄을 서 있다.

액체 상태에서는 고체일 때보다 분자끼리 끌어당기는 힘이 약해져 배열이 흐트러지기 시작한다. 분자가 정해진 자리에 있지 않고 이리저리 움직일 수 있게 되므로 용기의 모양에 따라 액체의 모양이 변한다. 그렇다 해도 분자끼리 서로 끌어당기고 있다는 점은 똑같다. 이때 분자가 움직이는 범위(구역)가 고체보다 넓기 때문에 부피는 더 커진다.

● 기체는 분자가 따로 떨어져 있는 상태

기체 상태에서는 분자끼리 끌어당기는 힘이 거의 없어지고 분자 하나하나가 자유롭게 운동한다. 기체의 분자는 굉장히 작기 때문에 눈으로는 직접 볼 수가 없다.

그림 3 액체에서 기체로의 변화

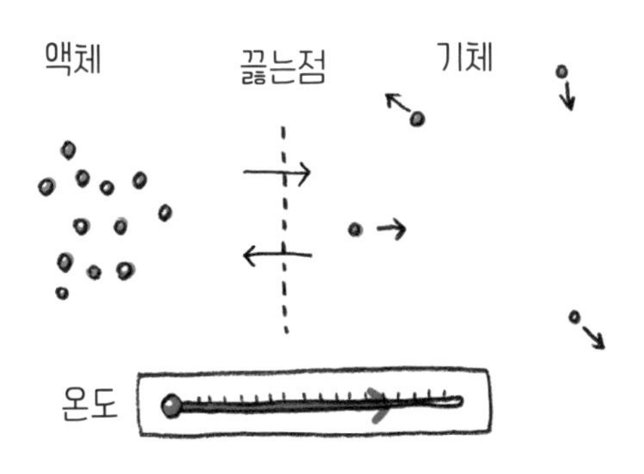

기체는 그 안의 알갱이가 보이지 않는다. 만약 알갱이가 보인다면 그것은 기체의 분자가 아니라 고체 또는 액체의 알갱이다. 고체나 액체의 알갱이는 아무리 작은 것이라 해도 분자 한두 개가 아니라 아주 많은 수가 모여 구성된다.

예를 들어, 연기는 아주 작은 고체 또는 액체의 알갱이다(그림 4). 이 알갱이는 1천분의 1mm에서 1만분의 1mm로 매우 작은데, 원자와 분자에 비하면 아주 큰 것이다. 보통 원자의 크기는 1천만분의 1mm(1억분의 1cm)이므로 몇 자릿수나 차이가 난다는 걸 알 수 있다.

그림 4 연기의 정체는 고체 또는 액체

연기는 아주 작은 고체와 액체의 알갱이로 구성되어 있다.

◎ 공기를 확대해 보면? ◎

공기(실온 상태)를 확대해 보면 어떤 세계가 보일까? 공기를 약 1억 배로 확대해보자. 그러면 직경 1~2cm가량의 입자가 몇 종류 보일 것이다. 즉, 수많은 분자들이 공기를 구성하고 있다.

공기 속의 분자들은 매우 빠른 속도로 거칠게 운동하며 서로 충돌하고 있다. 돌아다니는 분자들은 대개 질소 분자와 산소 분자 등이다. 이산화 탄소 분자도 보인다.

우리 주변의 공기를 만약 확대해서 볼 수 있다면 이런 상태일 것이다.

그림 5 기체 상태인 분자의 모습

분자들은 매우 빠른 속도로 거칠게 운동하며
서로 충돌하고 있다.

분자는 우리의 얼굴에도 꽝꽝 부딪치고 있다. 하지만 하나하나가 아주 가볍기 때문에 우리가 느끼지 못할 뿐이다. 기체는 분자가 하나하나 따로따로 돌아다니는 상태다. 그래서 나는 과학 시간에 "기체의 분자는 따로따로 날아다녀요" 하고 가르친다.

한편 분자는 원자로 이루어져 있다. 질소 분자 1개는 질소 원자 2개, 산소 분자 1개는 산소 원자 2개, 물 분자 1개는 산소 원자 1개와 수소 분자 2개, 이산화 탄소 분자는 탄소 원자 1개와 산소 원자 2개로 되어 있다. 원자와 분자에 대해서는 5장에서 더 자세히 이야기해보자.

공기 중의 분자는 우리의 몸에도 부딪치고 있다.

◎ 얼음은 물에 뜨는 신기한 고체 ◎

일반적으로 물질의 밀도는 고체보다 액체가 더 낮다. 고체 분자가 더 빽빽하게 모여 있기 때문이다.

그런데 물은 다르다. 얼음(물의 고체)은 물에 뜬다. 자연계 물질 중에 이런 경우는 거의 없다. 우리가 흔히 보는 '얼음이 물에 뜨는 현상'은 예외적인 경우다.

물은 물 분자로 이루어져 있다. 그런데 물과 얼음은 분자의 배열 방식이 다르다. 얼음은 분자가 규칙적으로 늘어서 있어 틈이 많은 구조로 되어 있다. 그런데 물이 되면 얼음의 규칙적인 구조가 무너진다. 이 순간, 얼음이었을 때의 틈에 분자가 더 들어가므로 얼음일 때보다 꽉 채워진 구조가 된다.

자연계에 고체 상태일 때 분자의 배열에 틈이 생기는 물질은 물 정도밖에 없다. 얼음이 물 위에 뜨는 현상은 이런 미시 세계의 구조에 원인이 있다.

·4· 원소의 80%가 금속이야

'원소의 주기율표'는 세상에 있는 100여 종류의 원소를 표로 정리한 것이다. 대개 이 표는 금속 원소와 비금속 원소를 나누어 다른 색으로 구분하고 있다.

물질은 ① 많은 수의 원자가 모여 이루어진 것(금속 등). ② 원자끼리 서로 달라붙어 분자라는 입자를 만들고, 그 분자가 모여 이루어진 것(산소, 수소, 물, 이산화 탄소, 에탄올, 설탕 등). ③ 이온이라는, 전기

원소의 주기율표

	1	2	3	4	5	6	7	8	9
1	1 H 수소 1								
2	3 Li 리튬 7	4 Be 베릴륨 9							
3	11 Na 나트륨(소듐) 23	12 Mg 마그네슘 24			비금속 원소		금속 원소		
4	19 K 칼륨(포타슘) 39	20 Ca 칼슘 40	21 Sc 스칸듐 45	22 Ti 타이타늄 48	23 V 바나듐 51	24 Cr 크로뮴 52	25 Mn 망가니즈 55	26 Fe 철 56	27 Co 코발트 59
5	37 Rb 루비듐 85	38 Sr 스트론튬 88	39 Y 이트륨 89	40 Zr 지르코늄 91	41 Nb 나이오븀 93	42 Mo 몰리브데넘 96	43 Tc 테크네튬	44 Ru 루테늄 101	45 Rh 로듐 103
6	55 Cs 세슘 133	56 Ba 바륨 137	57-71 란타넘족	72 Hf 하프늄 178	73 Ta 탄탈럼 181	74 W 텅스텐 184	75 Re 레늄 186	76 Os 오스뮴 190	77 Ir 이리듐 192
7	87 Fr 프랑슘	88 Ra 라듐	89-103 악티늄족	104 Rf 러더포듐	105 Db 두브늄	106 Sg 시보귬	107 Bh 보륨	108 Hs 하슘	109 Mt 마이트너륨

57-71 란타넘족	57 La 란타넘 139	58 Ce 세륨 140	59 Pr 프라세오디뮴 141	60 Nd 네오디뮴 144	61 Pm 프로메튬	62 Sm 사마륨 150
89-103 악티늄족	89 Ac 악티늄	90 Th 토륨 232	91 Pa 프로트악티늄 231	92 U 우라늄 238	93 Np 넵투늄	94 Pu 플루토늄

적 성질을 띠는 원자(또는 원자가 모인 것)가 모여 이루어진 것(염화 나트륨, 수산화 나트륨, 산화 구리, 산화 마그네슘 등), 이렇게 크게 세 가지로 나눌 수 있다고 앞서 이야기했다. 아래의 주기율표를 보면 어떤 뜻인지 짐작할 수 있을 것이다.

①은 금속 원소의 원자가 모여 이루어진 것
②는 비금속 원소의 원자가 서로 달라붙어 이루어진 것
③은 금속 원소의 원자와 비금속 원소의 원자가 서로 연결되어 이루어진 것

10	11	12	13	14	15	16	17	18
								2 He 헬륨 4
			5 B 붕소 11	6 C 탄소 12	7 N 질소 14	8 O 산소 16	9 F 플루오린 19	10 Ne 네온 20
			13 Al 알루미늄 27	14 Si 규소 28	15 P 인 31	16 S 황 32	17 Cl 염소 35	18 Ar 아르곤 40
28 Ni 니켈 59	29 Cu 구리 64	30 Zn 아연 65	31 Ga 갈륨 70	32 Ge 저마늄 73	33 As 비소 75	34 Se 셀레늄 79	35 Br 브로민 80	36 Kr 크립톤 84
46 Pd 팔라듐 106	47 Ag 은 108	48 Cd 카드뮴 112	49 In 인듐 115	50 Sn 주석 119	51 Sb 안티모니 122	52 Te 텔루륨 128	53 I 아이오딘 127	54 Xe 제논 131
78 Pt 백금 195	79 Au 금 197	80 Hg 수은 201	81 Ti 탈륨 204	82 Pb 납 207	83 Bi 비스무트 209	84 Po 폴로늄	85 At 아스타틴	86 Rn 라돈
110 Ds 다름슈타튬	111 Rg 뢴트게늄	112 Cn 코페르니슘	113 Nh 니호늄	114 Fl 플레로븀	115 Mc 모스코븀	116 Lv 리버모륨	117 Ts 테네신	118 Og 오가네손

63 Eu 유로퓸 152	64 Gd 가돌리늄 157	65 Tb 터븀 159	66 Dy 디스프로슘 163	67 Ho 홀뮴 165	68 Er 어븀 167	69 Tm 툴륨 169	70 Yb 이터븀 173	71 Lu 루테튬 175
95 Am 아메리슘	96 Cm 퀴륨	97 Bk 버클륨	98 Cf 캘리포늄	99 Es 아인슈타이늄	100 Fm 페르뮴	101 Md 멘델레븀	102 No 노벨륨	103 Lr 로렌슘

● 금속의 3가지 특징

금속이라는 물질은 다음의 세 가지 공통적인 성질을 가지고 있다.

① 금속광택(은색, 금색 등 특징적인 윤기)을 지닌다
② 전기나 열을 잘 전달한다
③ 두드리면 넓어지고 당기면 늘어난다

특유의 광택 덕분에 보통 보기만 해도 '이건 금속이군' 하고 알 수 있다. 금속인지 아닌지 헷갈린다면 다른 두 가지 성질이 있는지 확인해보면 된다. 우선 전기를 잘 전달하는 성질은 전지와 전구를 사용해 전기가 통하는지 알아볼 수 있다. 두드리면 넓어지고 당기면 늘어나는 성질은 직접 시도해보면 알 수 있다. 세게 두드리고 당겨도 조각나지 않는다.

세상에 있는 100여 종의 원자 가운데 약 80%가 금속 원자다. 세상의 물질은 모두 약 100여 종의 원자로 되어 있으므로 금속을 알면 세상에 존재하는 거의 모든 물질을 아는 것과 같다.

금속의 한 예로 강철솜('스틸울'이라고도 하며, 강철로 만든 실을 솜처럼 엮은 것)이 있다. 은색을 띠고 있는데 정말 금속인지 확인해보고 싶다면 전기가 통하는지 실험해보자. 분명 전기가 통할 것이다. 그리고 두드려도 가루가 되지 않을 것이다.

● 금속을 태우면 어떻게 될까?

강철솜을 태우면 부슬부슬한 검은색 물질이 된다(그림 6). 금속광택이 없어지고, 부슬부슬해져서 ③의 성질도 사라진다. 전기도 흐르지 않는다. 따라서 강철솜을 태워서 생긴 물질은 금속이 아니라는 것을 알 수 있다.

금속은 금속 원자가 모여 이루어지므로, 만약 금속 원자에 비금속 원자가 붙으면 더 이상 금속이 아니다.

그림 6 강철솜을 태웠을 때

- 금속광택이 있다
- 전류가 통한다
- 두드려도 가루가 되지 않는다

태운 강철솜

- 금속광택이 없다
- 전류가 통하지 않는다
- 무르고 잘게 부서진다

연소시키면 더 이상 금속이 아니다.

·5· 보이지 않지만 일상에 함께하는 기체

산소, 이산화 탄소, 수소, 암모니아는 일상에서 접할 수 있는 대표적인 기체다(그림 7).

● 산소

산소는 공기 부피의 약 20%를 차지한다. 색도 없고 냄새도 없으며, 일반 대기보다 질량이 조금 더 크다. 다른 물질과 반응하기 쉬운 성질이 있으며 생물의 호흡과 물질의 연소에 반드시 필요하다.

타는 물질은 산소가 있으면 격렬하게 연소한다. 어느 기체가 산소인지 아닌지는 가까이서 향을 피워보면 알 수 있다. 산소라면 향에 불이 붙은 다음 강하게 타오를 것이다.

그림 7 일상에서 접할 수 있는 기체

● 물에 녹는 산소

산소가 물에 어느 정도 녹기 때문에 물속에서 물고기 등의 생물이 살 수 있다(그림 8). 산소가 녹으면 물은 중성을 띤다(산소니까 산성이라고 오해하면 안 돼요).

● 실험실에서 산소를 만드는 방법

묽은 과산화 수소수(소독약이 대표적이다)와 이산화 망가니즈를 섞으면 산소가 발생한다. 이때 과산화 수소가 산소와 물로 나뉘는 반응이 일어난다. 여기서 이산화 망가니즈는 반응을 촉진하는 역할을 한다.

그림 8 물고기가 물속에서 살 수 있는 이유

● 산소를 모아보자

산소는 물에 조금밖에 녹지 않기 때문에 수상 치환으로 산소를 모을 수 있다(그림 9).

● 이산화 탄소

산소와 마찬가지로 무색무취의 기체이며 공기보다 무겁다. 이산화 탄소는 물에 약간 녹는다. 이산화 탄소의 수용액은 약한 산성을 띤다(탄산이 발생하기 때문이다). **이산화 탄소를 석회수에 통과시키면 뿌옇게 흐려진다.** 한편 우리가 자주 사용하는 드라이아이스는 고체 이산화 탄소다.

그림 9 산소 모으기

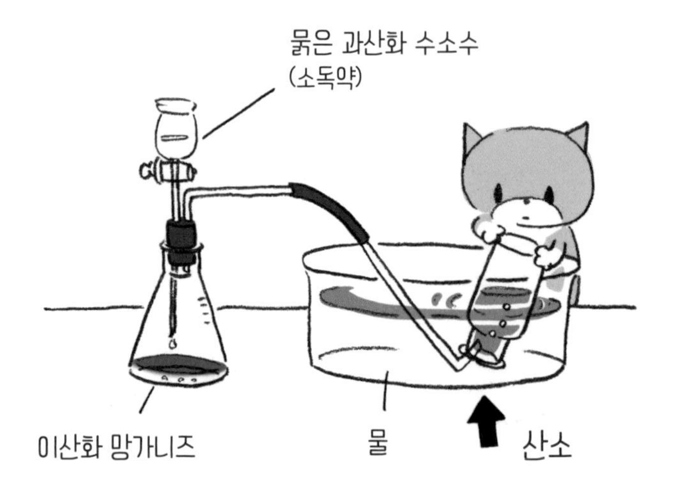

● 실험실에서 이산화 탄소 만드는 방법

이산화 탄소는 보통 탄소를 포함하고 있는 물질(유기물)을 태우면 나오지만, 실험실에서는 석회석(탄산칼슘)에 묽은 염산을 더해 만들어낸다.

● 이산화 탄소를 모아보자

이산화 탄소는 물에 약간 녹긴 하지만, 순수한 이산화 탄소를 모으고 싶다면 수상 치환 방식을 써야 한다. 한편 공기와 치환해 모으는 방법을 쓰는 경우, 이산화 탄소가 공기보다 무겁기 때문에 하방 치환이라는 방법을 사용해야 한다(그림 10).

그림 10 이산화 탄소 모으기

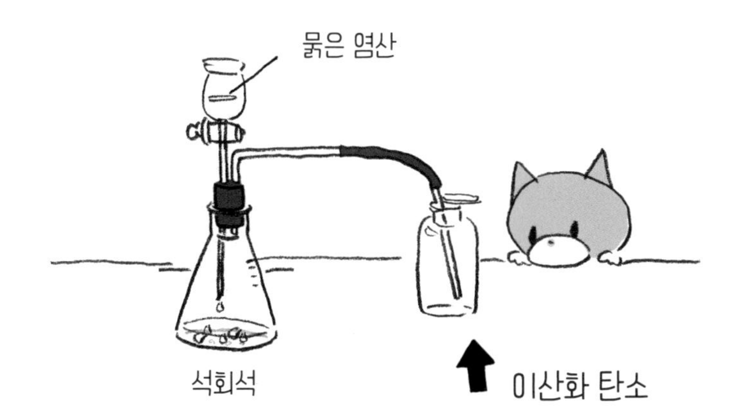

• 수소

수소는 공기보다 가벼운 무색무취의 기체다(기체 중에 가장 가벼운 기체다). 물에 잘 녹지 않으며, 물에 녹였을 때 그 수용액은 중성을 띤다. 수소는 타는 기체로, 탈 때 물이 발생한다. 수소와 산소(공기)를 섞은 것에 불을 붙이면 폭발하는 성질이 있다.

• 실험실에서 수소를 만드는 방법

아연(또는 철, 마그네슘)에 묽은 염산(또는 묽은 황산)을 더하면 발생한다.

• 수소를 모아보자

물에 잘 녹지 않으므로 수상 치환으로 포집할 수 있다(그림 11).

그림 11 수소 모으기

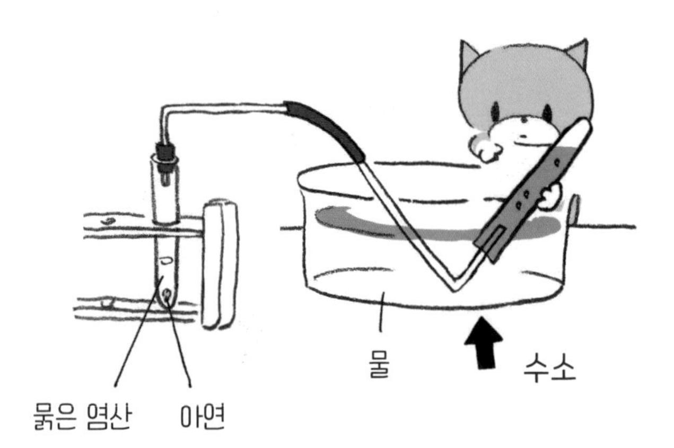

◎ 여러 가지 기체로 비눗방울 만들기 ◎

먼저 아연을 묽은 염산에 섞어 수소를 발생시킨다. 그 수소가 유리관 끝부분에서 나오도록 한 후 액체 세제에 담갔다가 빼면 유리관 끝에서 비눗방울이 부풀어 오른다. 어느 정도 부풀었다면 끝부분을 흔들어 비눗방울이 날아가도록 해보자. 비눗방울이 둥실 떠오를 것이다.

같은 원리로 이산화 탄소를 발생시켜 비눗방울을 만들어보자. 이 비눗방울은 나중에 모두 아래쪽으로 떨어질 것이다.

그림 12 떠오르는 비눗방울과 떨어지는 비눗방울

• 암모니아

암모니아는 색은 없으나 자극적인 냄새가 나는 기체로 공기보다 가볍다. 물에 아주 잘 녹으며 수용액은 알칼리성을 띤다.

• 실험실에서 암모니아 만드는 방법

간단하게는 암모니아수를 가열하는 방법이 있다. 또한 염화 암모늄에 수산화 칼슘을 섞어 가열하거나 염화 암모늄에 수산화 나트륨과 물을 섞어 발생시킬 수 있다.

• 암모니아를 모아보자

암모니아는 물에 잘 녹고 공기보다 가벼우므로 상방 치환으로 모을 수 있다(그림 13).

그림 13 암모니아 모으기

문제 암모니아 분수 실험은 어떻게 가능할까?

암모니아를 넣은 플라스크 안에 스포이트로 물을 넣으면 비커 속의 물이 유리관을 통과해 플라스크 안으로 분출한다. 이때 물은 플라스크 안에서 붉은색으로 변한다. 왜 그럴까?

스포이트로 물을 넣으면 비커 속의 물이 분출하고
물은 붉게 변한다.

정답

● 포인트는 암모니아가 물에 잘 녹는다는 점

이것은 암모니아가 물에 매우 잘 녹는 성질이 있고, 물에 녹으면 알칼리성을 띠기 때문이다. 플라스크 안에 넣은 소량의 물에 암모니아는 모두 녹아버린다. 그러면 플라스크 안은 진공에 가까워진다(기압이 굉장히 낮아진다). 비커 안의 물은 대기압의 압력을 받아 유리관을 통해 플라스크로 올라가려 하지만, 암모니아가 플라스크 안에 있기 때문에 대항을 받는다. 암모니아가 사라져 진공에 가까워지면 대기압의 압력을 받은 물이 플라스크 안으로 들어가게 된다(그림 14). 페놀프탈레인 용액은 산성·중성에서는 무색, 알칼리성에서는 붉은색으로 변한다.

그림 14 암모니아 분수의 원리

① 물에 암모니아가 녹으며 플라스크 안이 진공상태에 가까워진다.

② 대기압에 밀린 물이 플라스크로 들어간다.

③ 분수가 솟구친다! 암모니아가 녹아 있는 물은 알칼리성이므로 붉은색으로 변한다.

알겠지?

대기압

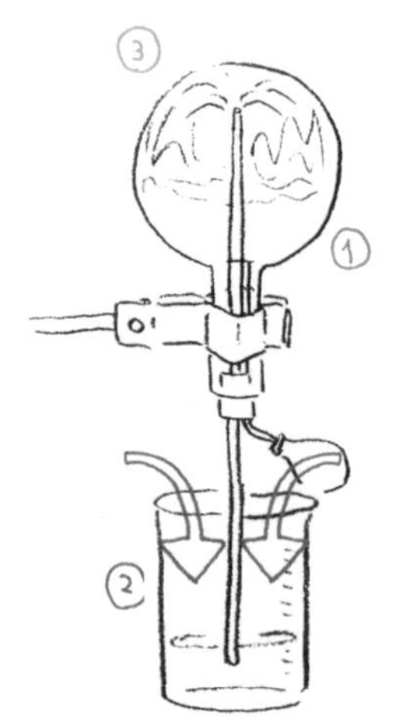

● 공기

공기는 우리 주변을 둘러싸고 있는 혼합 기체다. 공기는 약 78%의 질소와 약 21%의 산소로 이루어져 있어, 이 두 가지 기체가 공기의 약 99%를 차지한다(그림 15). 그 밖에도 아르곤(약 1%)과 이산화탄소가 포함되어 있다. 공기 중에는 수증기도 포함되어 있는데, 포함된 비율은 항상 변화한다.

공기에 가장 많이 포함된 질소는 보통 다른 물질과 잘 반응하지 않는 성질이 있다. 그러나 고온에서는 산소와 결합해 일산화 질소, 이산화 질소 등의 질소 산화물을 만들어낸다. 이렇게 만들어진 질소 산화물은 사람의 몸에 해롭다.

그림 15 공기의 대부분은 질소와 산소

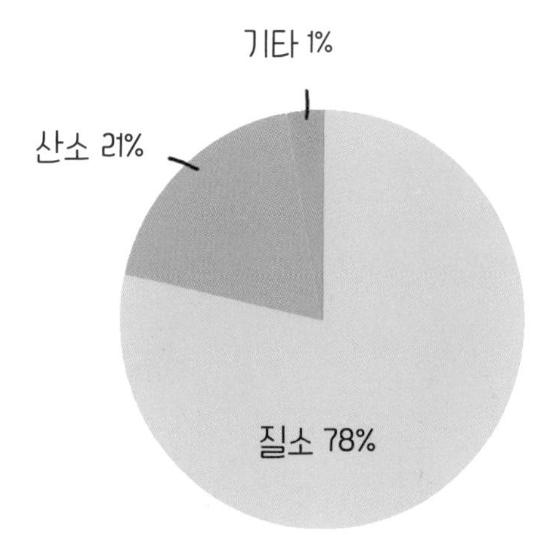

뉴스에서 '가스 중독'이라는 말을 보고 들은 적이 있을 것이다. 일상 속에서 흔히 접할 수 있지만 사람에게 해로운 기체에 대해 알아보자.

● 염소

언젠가 일본에서 '목욕탕에서 청소하던 주부 사망'이라는 제목의 뉴스가 보도된 적이 있었다. 청소용 각종 세제, 세정제를 혼합해서 쓰거나 동시에 쓸 때 발생하는 유독 염소 가스(자극적인 냄새가 나는 황록색 기체)를 들이마셨기 때문에 일어난 사건이다(그림 16). 염소 가스가 공기 중에 겨우 0.003~0.006%만 존재해도 코, 목 등의 점막이 다치고, 그 이상의 농도가 되면 피를 토하거나 최악의 경우 사망에 이를 수도 있다. 염소계 표백제나 곰팡이제거제는 주성분이 차아염소산 나트륨이다. 여기에 염산, 구연산, 사과산 등을 포함한 산성 세제를 섞으면 염소가 발생한다. 그러므로 이들을 섞어 사용하지 않도록 매우 주의해야 한다.

그림 16 염소는 위험해!

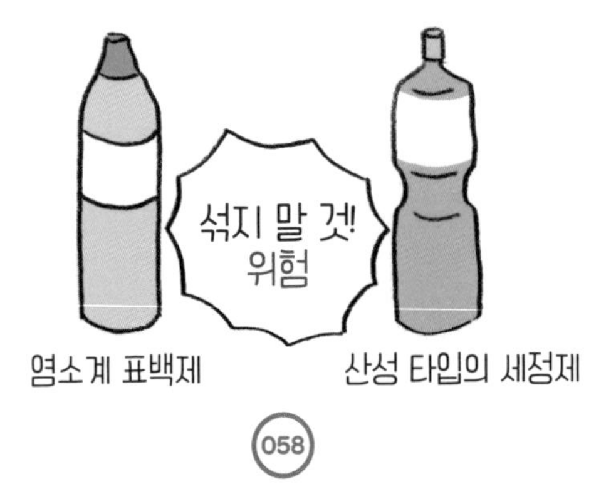

• 이산화 황

다른 말로 '아황산 가스'라고 부르며, 황을 태울 때 생기는 기체다(그림 17). 무색에 자극적인 냄새가 나는 기체로 대기오염의 원인이다. 나는 수업시간에 학생들에게 황을 산소 중에 태우는 것을 보여주곤 한다. 푸른색의 신비로운 불꽃을 내뿜으며 타오르기 때문에 "예쁘다!" 하는 반응이 나온다. 이때 이산화 황이 발생한다.

• 일산화 탄소

탄소를 포함한 물질이 불완전 연소를 할 때 생기는 기체다. 일상에서 어떤 물질을 태울 때 나오는 기체라고 보면 된다(그림 18).

그림 17 이산화 황의 두 얼굴

황을 연소시키면 생기는 이산화 황

하지만 대기오염의 원인 중 하나라지?

일산화 탄소는 무색무취의 기체이므로 알아차리지 못하는 사이에 중독될 수 있다. 무엇보다 혈액 안에서 산소를 옮기는 헤모글로빈에 달라붙어 산소 공급을 방해한다. 일산화 탄소가 공기 중에 0.03% 이상이 되면 두통이나 구토를 일으키고 0.15% 이상이 되면 바로 생명이 위험해진다.

가스 또는 등유 스토브, 욕실 등을 사용할 때는 환기와 배기에 주의해야 한다. 환기가 잘 되지 않는 차고에서 엔진을 켰다가 배기가스 중의 일산화 탄소에 중독되어 사망한 사고, 욕조 배기구에 새가 둥지를 튼 것을 모르고 배기가 잘 되지 않는 욕조에서 일산화 탄소 중독으로 사망한 사고가 일어난 적도 있다.

그림 18 일산화 탄소를 내보내자

● 황화수소

무색에 자극적인 냄새가 나는 기체다. 삶은 달걀 껍질을 벗겼을 때 나는 냄새와 비슷하다. 화산, 온천 지대에서 발생하는 경우가 많다(그림 19). 그러다 보니 한때 스키를 타러 간 사람들이 황화수소 발생 장소에 발이 묶여 사고가 일어나기도 했다. 실험실에서는 철과 황을 섞은 뒤 가열해 만든 황화 철에 묽은 염산을 넣어 발생시킨다.

그림 19 황화수소의 냄새

◎ 날숨에도 산소가 남아 있을까? ◎

우리는 매 순간 쉼 없이 호흡을 한다. 세상에 태어나 처음으로 울음을 터뜨린 뒤 주어진 날들을 살아가다가 죽음을 맞이하기까지, 단 한순간도 쉬지 않고 호흡을 한다. 잘 때도 호흡은 계속된다. 그렇게 우리는 공기 중의 산소를 몸속으로 받아들인다. 몸속에서 산소와 영양분이 합쳐지면서, 살아가는 데 필요한 에너지가 만들어지고 생명이 유지되고 있는 것이다. 그런데 만약 호흡이 멈춘다면 어떻게 될까? 짧게는 1분 30초, 길어봤자 3분간 호흡이 끊어지면 생명은 다시 돌아오지 않는다.

이렇게 중요한 산소인 만큼 들이마신 산소를 되도록 남김없이 다 쓸 수 있다면 좋지 않을까? 들이마신 공기 중에서 산소는 21%인데 실제로 사용하는 정도는 얼마나 될까? 우리가 내뱉는 숨을 '날숨'이라고 한다. 그렇다면 날숨 안에는 산소가 남아 있지 않을까? 실제로 날숨 안에는 산소가 16~17%가량 남아 있다고 한다.

날숨에는 이산화 탄소의 양이 많아진다. 들숨에는 0.04%였던 것이 4% 가까이 올라간다. 질소의 양은 들숨과 다르지 않다. 결국 날숨에도 질소 다음으로 산소가 많다는 뜻이다.

그래서 호흡이 멈춘 사람에게 인공호흡을 할 때 날숨을 불어넣으면 산소를 공급할 수 있다. 호흡 정지 후 인공호흡이 빠르면 빠를수록 사람을 살릴 확률이 올라간다. 우리의 뇌는 산소를 많이 사용하는데, 뇌에 산소가 없는 상태에서 생존할 수 있는 시간은 겨우 3~4분이기 때문이다.

인공호흡 & 심폐소생술

호흡이 정지하면 인간의 생명 활동은 멈춰버려.
길어야 3분 버틸 수 있지.

날숨에 포함된 산소의 양은 16~17%다.

인공호흡은 이 날숨을 이용한다.

최선을 다해 살려내야 한다!!

제3장

물에 물질을 녹였을 때

▼

물은 여러 가지 물질을 녹이는 '용매'다. 우선 이 장에서는 물질이 물에 '녹았다'고 말할 수 있는 현상에 대해 알아볼 것이다. 만들어진 용액에는 어떤 특징이 있을까? 물에 녹는 물질과 녹지 않는 물질은 '여과'를 통해 구분할 수 있다. 용해도의 차이가 있는 물질은 '재결정'을 통해 구분할 수 있다. 또한 혼합물에서 순수한 물질을 얻는 방법도 함께 배워보자.

·1· 코코아는 '수용액'

문제 **수용액에 관련된 용어를 확인하기 위해 다음 문장의 빈칸을 채워보자.**

액체에 물질을 녹였을 때 새로이 만들어진 액체를 (가)이라고 한다. 물질을 녹인 액체를 (나), 녹은 물질을 (다)이라고 한다(그림 1, 2).

설탕을 물에 녹이면 용매는 물, 용질은 설탕이다. 액체에 액체를 녹인

그림 1 코코아 분말은 용질

용액의 경우, 양이 많은 액체를 용매, 적은 액체를 용질이라고 한다. 물이 용매인 용액을 가리켜 특히 (　라　) 이라고 한다. 에탄올이 용매일 때를 에탄올 용액이라고 하듯 용매를 확실히 가리켜 부르는 경우가 많다.

정답 가: 용액　나: 용매　다: 용질　라: 수용액

그림 2 코코아는 수용액

·2· '녹아 있다'는 건 무슨 의미일까?

문제 뿌연 물이 있다. 물속이 탁한 이유는 아주 작은 알갱이가 흩어져 있기 때문이다. 이 알갱이는 물에 녹아 있다고 말할 수 있을까?

(가) 녹아 있다고 말할 수 있다

(나) 녹아 있다고 말할 수 없다

전분을 물에 넣고…

● 물에 설탕을 넣을 때와 전분을 넣을 때의 차이

물에 여러 가지 물질을 넣고 섞어보자. 설탕을 넣으면 설탕의 모습은 보이지 않고 무색투명한 액체가 된다. 이때 '설탕은 물에 녹는다'고 말한다.

그러면 물에 물질을 넣었을 때 탁한 채로 있다면 어떻게 말해야 할까? 물에 전분을 넣으면 물이 뿌옇게 변한다. 잠시 그대로 두면 바닥에 가라앉기 시작한다. 물에 물질을 넣었을 때 물 위에 뜬 채로 있거나 가라앉은 채로 있다면, 떠 있거나 가라앉은 물질은 녹지 않는 것이다. 따라서 정답은 (나)다.

● 녹았다고 해서 물질이 사라지는 건 아니야

물질을 물 등의 용매에 녹였을 때 물질이 완전히 녹으면 용액은 투

그림 3 설탕이 완전히 녹지 않으면?

명해진다(전부 무색은 아닐 수도 있다. 색깔이 있으면서, 즉 유색 투명한 것도 있다). 그렇다고 물질이 사라진 건 아니다. 물에 설탕을 녹였을 때 설탕이 보이지 않는다고 해서 설탕이 사라진 건 아니다. 물 100g에 설탕 10g을 넣으면 설탕은 보이지 않더라도 110g의 용액이 되고 단맛도 난다. 그리고 이 설탕 수용액은 균일한 농도(진하기)를 지닌다(그림 3).

● 용액의 3대 특징

투명하고, 균일하며, 용질이 보존되는 것이 용액의 3대 특징이다.

그림 4 수용액의 3대 특징

물질이 물에 녹으면 아주 작은 이온(원자와 원자가 모인 덩어리가 전기를 띤 것)이나 분자(몇 개의 원자가 붙어 있는 입자)로 용액 안에 흩어져 존재한다. 따라서 빛이 거의 그대로 통과해버리기 때문에 투명하고 용질은 눈에 보이지 않는 것이다.

물은 이리저리 움직이는 물 분자로 구성되어 있다. 그러므로 수용액은 항상 분자 수준에서 섞여 있는 상태다. 그리고 용액의 어느 곳에서나 같은 농도를 지닌다(그림 5).

전분처럼 물속에서 뿌옇게 보이는 물질은 이온과 분자가 흩어지지 못하고 많은 양이 달라붙어 있는 상태이므로 녹아 있다고 할 수 없다.

그림 5 섞지 않아도 곧 균일해지는 수용액

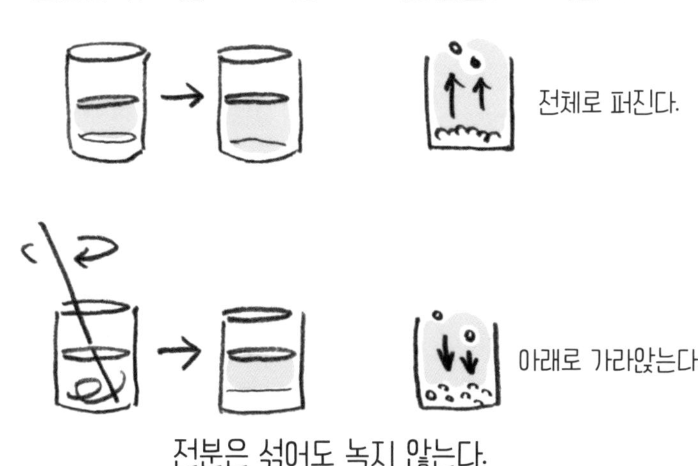

비누를 물에 녹이거나 전분을 온수에 녹인 액체에서는 설탕 수용액과는 다른 성질을 찾아볼 수 있다. 한 예로 설탕 수용액은 빛을 쪼이면 빛을 그대로 통과시키는 데 비해 전분 용액은 옆에서 보면 빛이 지나는 자리가 반짝인다. 이 현상을 '틴들 현상'(Tyndall Effect)이라고 한다(그림 6, 7).

설탕 수용액에는 설탕 분자 등이 흩어져 있다. 이 분자와 이온(용질 입자)이 매우 작은 데 비해 비눗물과 전분 용액에는 설탕 수용액의 용질 입자보다 아주 큰 입자가 흩어져 있고 그 입자들이 빛을 산란한다. 이렇게 틴들 현상을 나타내는 용액에 들어 있는 입자를 '콜로이드 입자'라고 부른다.

그림 6 틴들 현상

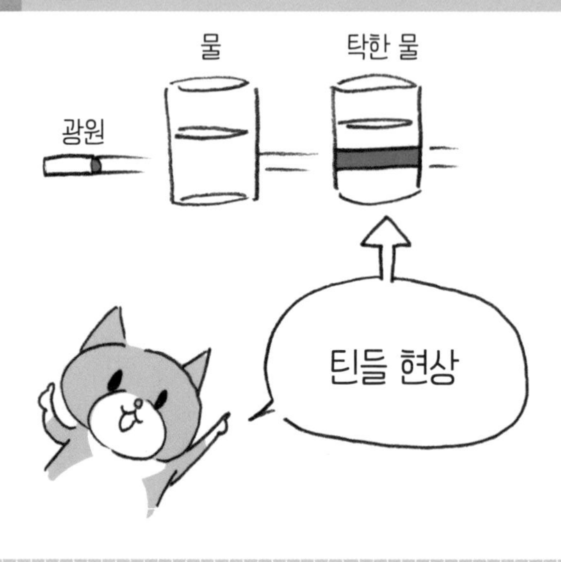

물질이 녹아서 투명해지는 일반적인 용액의 경우, 용질 입자 1개에 많아도 1,000개를 넘지 않는 원자가 포함되어 있지만, 콜로이드 입자 1개에는 원자가 1,000~10억 개 포함되어 있다. 전분 용액처럼 콜로이드 입자가 분산되어 있는 용액을 '콜로이드 용액'이라고 한다. 콜로이드 용액은 자연계뿐만 아니라 우리 주변에서 흔히 찾아볼 수 있다. 생물의 체액, 뿌연 하천수, 우유, 먹물, 커피, 주스 등이 해당된다. 이들 콜로이드 입자는 콜로이드 용액은 물론, 일반적인 용액에도 섞여 있다.

콜로이드 입자가 밀집되어 있거나 그물망 모양으로 연결되어 물을 머금고 있어 고체처럼 된 콜로이드 용액도 있다. 이것을 '젤'(Gel)이라고 부른다. 젤에는 두부, 젤리, 한천, 곤약 등이 있다.

그림 7 부채살빛도 틴들 현상의 한 종류

·3· 물과 함께 용질이 사라지다

문제 다음의 수용액을 유리판에 한 방울 떨어뜨리고 가스버너로 가열한다. 가열 후 용질이 유리판 위에 남는 것과 남지 않는 것으로 나눠보자.

(가) 소금물

(나) 설탕물

(다) 염산

(라) 암모니아수

정답 남는 것: (가), (나)　　남지 않는 것: (다), (라)

● 물을 증발시켰을 때 남는 것

수용액을 가스버너로 달궜을 때 고체 또는 액체 상태의 용질은 유리판 위에 남는다(그림 8). 물만 증발하고 소금물은 하얀 고체가, 설탕물은 갈색 액체가 남게 된다(설탕물은 더 열을 가하면 검게 탄다).

그러나 용질이 기체인 경우는 열을 가하면 수증기와 함께 기체도 나오게 된다(그림 8). 염산은 염화 수소라는 기체, 암모니아수는 암모니아라는 기체의 수용액이다. 따라서 가열하면 수증기와 함께 용질이 날아간다.

그림 8 용질에 따라 아무것도 남지 않기도 한다

고체를 녹인 것은 남는다.

기체를 녹인 것은 남지 않는다.

·4· 커피 한 잔에 담긴 '여과'의 원리

문제 설탕 수용액을 여과지에 통과시키면 설탕과 물로 나뉠까?

(가) 나뉜다　　　　　　(나) 나뉘지 않는다

● 여과를 통해 물에 녹지 않는 물질을 찾아라

물에 녹는 것과 녹지 않는 것이 섞여 있을 때 이를 구분하는 방법이 '여과'다(그림 9). 설탕 수용액은 여과지를 통과한다. 설탕 수용액 안의 설탕은 분자 상태로 떨어져 있기 때문이다. 그러므로 정답은 (나)다.

그림 9 여과 방법

유리 막대를 따라 액체를 흘려보내고 깔때기 끝은 비커 벽에 붙인다.

● 작은 구멍이 뚫려 있는 여과지

여과지에는 작은 구멍이 셀 수 없이 뚫려 있는데, 구멍보다 큰 물질은 구멍에 걸려 통과하지 못하지만 구멍보다 작은 물질은 통과한다. 물질은 물에 녹으면 매우 작은 분자 또는 이온이 되어 입자 상태로 나뉘기 때문에 용액은 여과지를 통과하게 된다. 그리고 여과지에는 물에 녹지 않는 것이 남는다(그림 10). 설탕 분자는 여과지의 구멍보다 작기 때문에 통과한다.

그림 10 여과의 과정

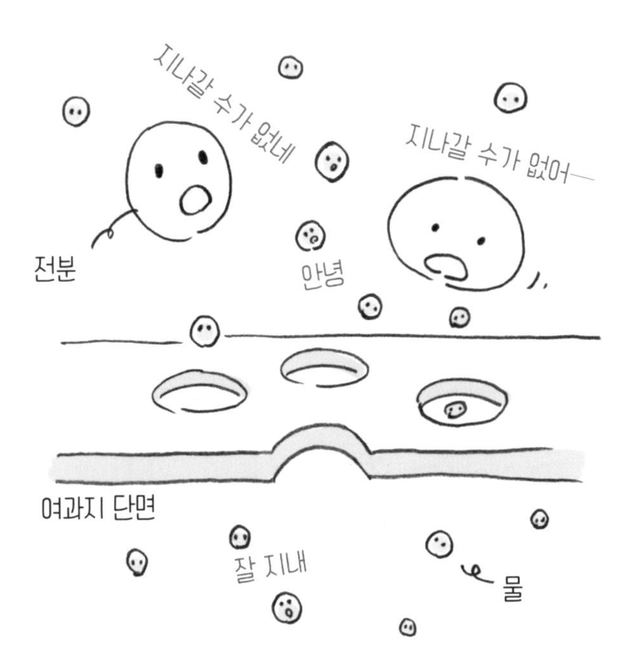

◎ 드립커피는 여과의 원리를 이용한 것 ◎

커피 가루를 필터(여과지)에 넣고 뜨거운 물을 부으면 커피가 필터에서 나오는 걸 볼 수 있다. 커피 가루와 뜨거운 물이 접촉하면서 가루 안에 있는 성분이 뜨거운 물에 녹아 커피가 되는 것이다. 커피는 용매가 매우 뜨거운 물이지만 수용액이다. 그러므로 필터를 통과한다. 찌꺼기는 수용액이 아니므로 여과지 위에 남는다(정확히 말하면 커피 용액에는 일반적인 수용액과 콜로이드 용액이 섞여 있다).

그림 11 여과, 커피에 담긴 화학 원리

뜨거운 물에 녹아 나온 것이 커피다.

·5· 퍼센트 농도로 단맛 측정하기

물 100g에 설탕 20g을 녹였을 때와 물 80g에 설탕 15g을 녹였을 때, 둘 중 어느 쪽의 설탕 수용액이 더 달까? 직접 맛보지 않고 맛의 진하기 정도, 즉 농도를 계산하는 방법이 있다.

용액의 농도를 수치로 나타내는 데는 퍼센트(%) 농도라는 단위가 널리 사용된다. 퍼센트(백분율)는 농도에 상관없이 비율을 나타낼 때 흔히 쓰인다. 퍼센트는 전체를 100으로 했을 때 특정 부분이 어느 정도를 차지하는지를 나타내는 수치다.

$$\text{퍼센트(\%)} = \frac{\text{부분}}{\text{전체}} \times 100$$

퍼센트 농도에서는 용액의 질량(g)이 전체, 용질의 질량(g)이 부분이 된다.

$$\text{퍼센트 농도} = \frac{\text{용질의 질량(g)}}{\text{용액의 질량(g)}} \times 100$$

$$= \frac{\text{용질의 질량}}{\text{용매의 질량} + \text{용질의 질량}} \times 100$$

● 설탕물의 당도를 퍼센트 농도로 구하기

① 물 100g에 설탕 20g을 녹였을 때와 ② 물 80g에 설탕 15g을 녹였을 때, 둘 중 어느 쪽의 설탕 수용액이 더 달까? 각각의 농도를 계산해 어느 쪽 농도가 높은지 알아보자(그림 12).

①에서는, 용매의 질량 + 용질의 질량 = (가)g

용질의 질량 = (나)g

퍼센트 농도 = $\frac{(\ 다\ )}{(\ 라\ )}$ × 100 = (마)(%)

그림 12 백분율과 퍼센트 농도

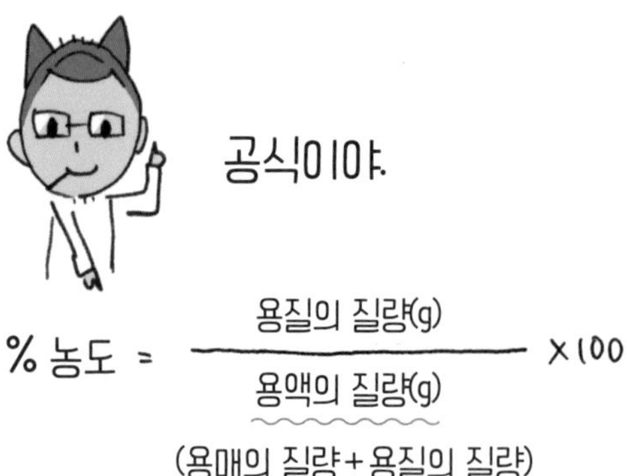

②에서는, 용매의 질량 + 용질의 질량=(바)g

용질의 질량=(사)g

퍼센트 농도= $\frac{(\ 아\ )}{(\ 자\ )}$ ×100=(차)(%)

따라서 (카)가 더 달다(농도가 높다)

정답 가: 120 나: 20 다: 20 라: 120 마: 약 16.7
바: 95 사: 15 아:15 자: 95 차: 약 15.8
카: ①

● 퍼센트 농도 공식 활용하기

15% 식염수를 80g 만드는 데 소금과 물은 몇 g씩 필요할까? 퍼센트 농도 공식을 활용해서 계산해보자.

$$\text{퍼센트 농도} = \frac{\text{용질의 질량(g)}}{\text{용액의 질량(g)}} \times 100\text{이므로,}$$

용질의 질량 = 용액의 질량 × 퍼센트 농도 ÷ 100이 된다.

소금의 질량 = (가) × (나) ÷ 100

= (다)

물의 질량 = 식염수의 질량 - 소금의 질량

= (라) - (마)

= (바)

정답			
	가: 80	나: 15	다: 12
	라: 80	마: 12	바: 68

● 작은 비율에서 쓰이는 ppm과 ppb

아주 작은 비율을 나타내는 데는 전체를 100만으로 정한 100만분율, ppm(피피엠, parts per million)과 전체를 10억으로 정한 10억분율, ppb(피피비, parts per billion) 등이 쓰인다.

・6・ 한 번에 얼마나 녹일 수 있을까?

물에 물질을 녹일 때, 녹일 수 있는 양에는 한계가 있다. 이 한도를 '용해도'라고 부른다.

보통 용해도는 물 100g에 녹는 용질의 양(g)으로 나타낸다. 이 용질이 한도까지 다 녹은 용액을 '포화 용액'이라고 한다. 용해도는 온도에 따라 달라진다. 대체로 고체인 물질은 온도가 올라가면 용해도가 커진다.

예컨대 질산 칼륨은 물 100g에 녹는 양(g)이 온도에 따라 변한다. 온도가 올라감에 따라 용해도도 커지는 것을 알 수 있다.

온도(℃)	0	20	40	60	80	100
양(g)	13.3	31.6	63.9	110	169	246

문제 80℃의 물 100g에 200g의 질산 칼륨을 넣고 섞으면 어떻게 될까? 또 이 액체를 60℃까지 식히면 어떻게 될까?

정답

200g-169g=31g의 질산 칼륨이 남는다. 또한 액체를 60℃까지 식히면 169g-110g=59g의 질산 칼륨 결정이 새로 생긴다.

59g의 질산 칼륨 결정이 새로 생긴다.

◎ 맥주 거품의 비밀 ◎

고체인 물질이 물에 녹을 때 보통 온도가 높아지면 용해도도 올라가 더 잘 녹는다.

그렇다면 물에 기체를 녹이는 경우는 어떻게 될까? 이산화 탄소가 녹아 있는 탄산음료의 뚜껑을 열 때를 떠올려보자. 탄산음료가 차가울 때보다 따뜻할 때 거품이 더 많이 났을 것이다.

이는 일정한 압력하에서, 기체가 물에 녹을 때 고체와는 반대로 온도가 올라가면 용해도가 떨어지기 때문에 나타나는 현상이다.

그림 13 기체는 온도가 낮아야 잘 녹는다

이산화 탄소(기체)는
(압력이 일정할 때)
온도가 낮을수록 잘 녹는다.

·7· 혼합물에서 순물질을 걸러보자

물에 녹는 물질과 녹지 않은 물질이 섞여 있을 때는 여과로 원하는 물질을 거를 수 있었다. 그러나 둘 다 물에 녹아 있는 물질인 경우에는 여과를 할 수 없다. 이때 등장하는 것이 '재결정'이라는 방법이다.

재결정이란 두 물질의 온도에 따른 용해도 차를 이용하여 불순물을 제거하고 순수한 결정을 얻는 방법이다. 결정을 만드는 데는 다음의 두 가지 방법을 생각해볼 수 있다.

- 온도가 높은 수용액을 냉각한다
- 수용액에서 물을 증발시킨다

대개는 '온도가 높은 수용액을 냉각하는' 방법을 사용한다. 온도를 낮추면 용해도가 떨어져 완전히 녹지 않은 물질이 결정으로 나타난다. 그러나 염화 나트륨(소금)과 같은 물질은 용해도가 온도에 따라 큰 차이가 없어 이 방법을 쓸 수가 없다. 따라서 물을 증발시키는 방법을 쓴다.

어떤 방법이든 결정이 나타날 때 섞여 있는 물질(불순물)은 상대적으로 양이 적기 때문에 물에 녹은 채로 있는 경우가 많다. 그래서 순물질로 된 결정을 얻을 수 있다.

● 물질에 따라 용해도가 달라

온도와 용해도의 관계를 나타내는 그래프를 '용해도 곡선'이라고 한다. 아래 용해도 곡선(그래프 1)을 보고 재결정의 원리를 생각해 보자.

질산 칼륨에 소량의 염화 나트륨이 섞여 있다고 해보자. 80℃일 때 물 100g에 이 혼합물은 모두 녹아 있다. 온도를 낮춰 40℃로 냉각하면 용해도가 낮아지므로 다 녹지 못한 질산 칼륨은 결정이 된다. 이때 질산 칼륨은 포화 상태다. 그런데 염화 나트륨은 40℃에서도 용해도 곡선에 다다르지 못하기 때문에 녹아 있는 상태 그대로다. 따라서 순수한 질산 칼륨 결정만 얻을 수 있다.

그래프 1 질산 칼륨과 소금의 용해도 곡선

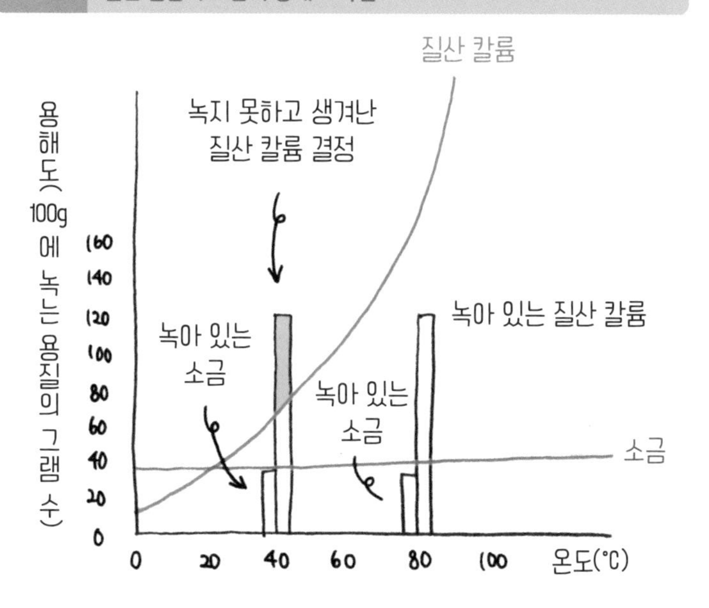

·8· 무엇을 녹였는지 알아보는 여러 가지 방법

겉보기에 무색투명한 수용액이 몇 종류 있다고 해보자. 예를 들어 소금물과 설탕물이 있는데, 이것을 맛보지 않고 구별하려면 어떻게 해야 할까?

- 일부를 덜어 가열한다
- 달걀을 넣어본다

그 밖에도 여러 방법을 생각해볼 수 있다.

그림 14 용질에 따라 다른 불꽃 반응

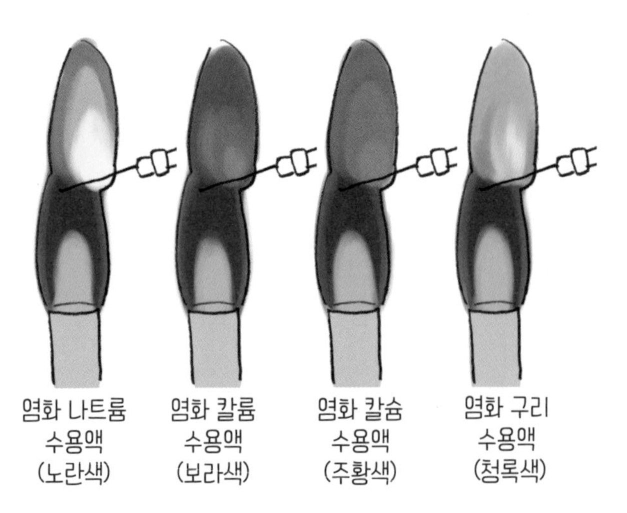

● 불꽃 반응으로 용질 알아보기

각각의 액체를 철사에 묻혀 불꽃에 넣어볼 수도 있다(그림 14). 이때 소금물의 경우 불꽃이 노란색 비슷하게 변하는데 설탕물의 경우 불꽃의 변화가 없다. 이 방법은 '불꽃 반응'이라고 하는데, 노란색 빛으로 변하는 것은 '○○ 나트륨'이라는 이름의 물질인 경우다(소금의 정식 명칭은 염화 나트륨이다). 또 '○○ 구리'라는 물질일 경우는 불꽃이 청록색, '○○ 리튬'이라는 물질은 빨강색으로 변한다. 불꽃놀이의 불꽃색도 이 반응의 원리를 활용한 것이다.

● 약품으로 용질 알아보기

약품을 넣어 반응을 보는 방법도 있다(그림 15). 한 예로 질산 은 수용액을 넣으면 소금물에서는 뿌연 침전물(염화 은)이 생기는데, 설탕물에서는 변화가 없다.

그림 15 질산 은 수용액을 넣어보기

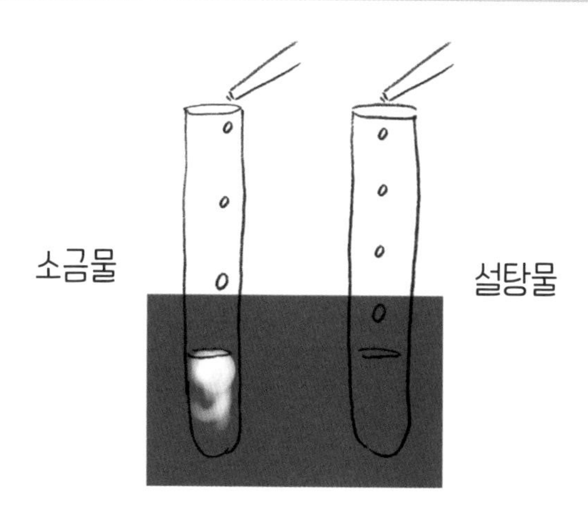

에취-
끓어 오름
증발

제4장

이토록 흥미로운 상태 변화

▼

먼저 '고체가 액체에 녹는' 것과 '고체가 액체 상태로 녹는' 것의 차이를 확실히 알고 넘어가자. 물질의 녹는점과 끓는점을 알면 상온에서, 상온보다 높은 온도에서, 상온보다 낮은 온도에서 그 물질이 어떤 상태가 되는지 예측할 수 있다. 공기 중의 산소도 -183℃까지 온도를 낮추면 푸른색의 액체가 된다. 끓는점이 다르다는 점을 활용해 물질을 구분할 수 있다는 사실도 알아보자.

·1· 물이 없어도 소금이 녹는다고?

문제 소금(염화 나트륨)을 액체로 만들 수 있을까?

(가) 만들 수 있다

(나) 만들 수 없다

정답 (가) (800℃까지 가열하면 액체가 된다)

● 소금을 녹여보자

소금을 녹이는 것은 집에서 손쉽게 하기는 힘든 실험이지만 시험관과 가스 토치가 있다면 도전해볼 수 있다. 소금을 높은 온도로 계속 가열하면 점점 액체가 된다. 그러다 마지막에는 무색투명하고 깨끗한 액체로 변한다. 어떤 학생은 이것을 보고 "정말 물 같네!" 하고 탄성을 질렀다. 하지만 물처럼 보여도 온도가 800℃나 된다.

액체가 된 소금을 금속판 위에 쏟으면 바로 굳어버린다. 여기에 성냥을 그어 대면 불이 붙고, 나무젓가락을 대면 타기 시작해 연기가 난다.

* 전자의 '녹는다'는 '융해된다'라고 이해하면 구별이 쉽다.

·2· 얼음에서 물, 물에서 수증기로

물의 상태 변화에 대해 알아보자. 얼음이 냉동실에서 −10℃로 얼어 있다. 이때 얼음을 가열하면 온도가 올라간다. 0℃가 되면 얼음이 녹기 시작해 다 녹을 때까지 0℃로 유지된다. 얼음이 모두 물이 되면 다시 온도는 올라가기 시작한다. 100℃가 되면 물의 내부에서 방울이 올라오며 끓기 시작한다. 끓는 동안은 100℃로 유지된다. 올라오는 방울 안에 있는 건 수증기다. 물이 모두 수증기가 된 다음 다시 온도가 올라가기 시작한다. 때에 따라 수증기의 온도는 300℃까지 올라가기도 한다(그래프 1).

그래프 1 온도와 가열 시간의 관계

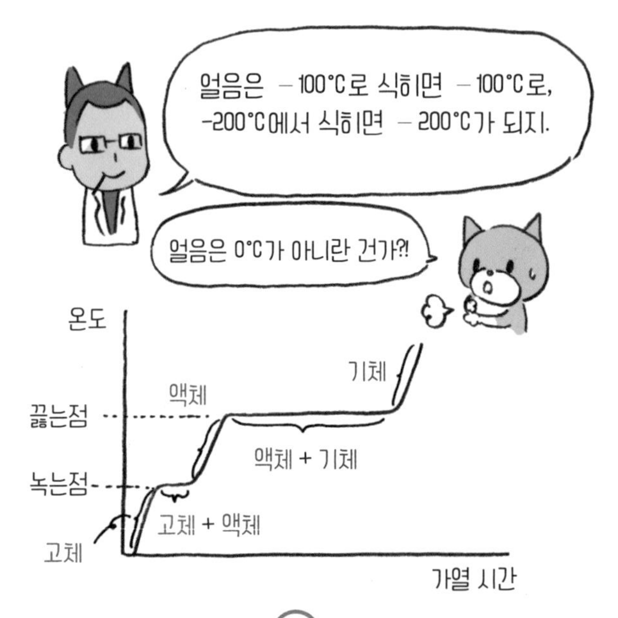

◎ 끓는 현상과 증발 ◎

물을 가열하면 100℃에서 보글보글 끓는다. 이때 표면이 출렁거리는 것은 안에서 기포(물이 기체가 된 것)가 나오기 때문이다. 끓는다는 건 액체의 내부에서 기포가 계속 만들어져 기체로 변하는 현상이다.

끓는다는 표현과 비슷한 말로 '증발'이라는 단어가 있다. 우리는 일상생활에서 그다지 구분하지 않고 사용하지만, 증발은 액체의 표면에서 기체가 되어가는 현상을 뜻한다. 빨래가 마르는 것은 물이 끓어 기체가 되었기 때문은 아니다. 비 오는 날 생긴 웅덩이가 저절로 사라지는 것도 물이 끓어올랐기 때문은 아니다. 표면에서 기체(수증기)가 되어버려서 그렇다. 즉 증발했기 때문이다. 액체가 있는 곳에서는 언제나 증발이 일어나고 있다.

그림 1 끓는 것과 증발의 차이

·3· 고체·액체·기체 상태를 왔다 갔다

물의 경우에서 보았듯이 물질은 온도에 따라 고체 상태, 액체 상태, 기체 상태로 변한다. 이렇게 모습이 바뀌는 것을 '상태 변화'라고 한다.

● 상태 변화의 명칭

거의 모든 물질이 상태 변화를 한다. 각각의 상태는 변화에는 각각의 이름이 붙어 있다(그림 2). 어떤 이름이 붙었는지 다음 문제에서 확인해보자.

그림 2 상태 변화를 부르는 이름

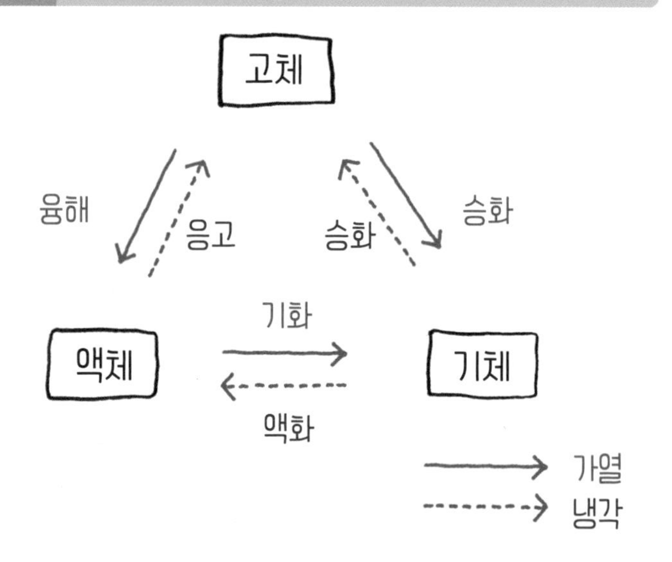

문제 **물질의 상태에 관해 다음 문장의 빈칸을 채워보자.**

고체 상태에서 액체 상태로의 변화는 (　가　), 액체 상태에서 고체 상태로의 변화는 (　나　), 액체 상태에서 기체 상태로의 변화는 기화, 기체 상태에서 액체 상태로의 변화는 액화, 고체 상태에서 기체 상태, 기체 상태에서 고체 상태로의 변화는 모두 승화라고 한다.

정답 가: 융해　　　　나: 응고

•4• 상태 변화의 경계선, 녹는점과 끓는점

문제 물질의 상태가 변화하는 온도에 관한 다음의 문장에 빈칸을 채워보자.

고체 상태에서 액체 상태로 변화하는 온도는 물질에 따라 결정되어 있다. 이것은 '융해되는 온도'라는 뜻으로 (가)이라고 부른다. 액체 상태에서 고체 상태로 변화하는 온도는 어는점이라고 하는데, 결국 (가)과 어는점은 같은 온도인 셈이다. 그러므로 두 가지를 대표해 (가)이라고 부르기로 했다. 물은 0℃에서 얼음이 되기 시작하고 얼음은 녹기 시작한다. 물의 녹는점인 0℃는 물의 고체 상태와 액체 상태의 경계 온도다.
마찬가지로 물질이 기화하는 온도, (나)도 물질에 따라 정해져 있다. 물은 100℃에서 끓는다.

정답 가: 녹는점 나: 끓는점

◎ 액체일 때 물은 아무리 가열해도 100℃ ◎

물의 끓는점은 기압에 따라 달라지는데, 1기압에서는 100℃다. 강한 불로 가열하든 약한 불로 가열하든 끓고 있을 때는 100℃인 것이다. 종이컵이 타기 시작하려면 몇 배 더 높은 온도에 도달해야 하지만, 물은 끓어도 100℃까지밖에 올라가지 않기 때문에 물이 들어 있는 한 종이컵의 온도는 100℃다. 그래서 종이컵의 일부가 타기만 한다. 종이컵이나 종이상자로 물을 끓일 수 있는 이유는 이 때문이다.

그림 3 종이컵에 물을 끓일 수 있다?

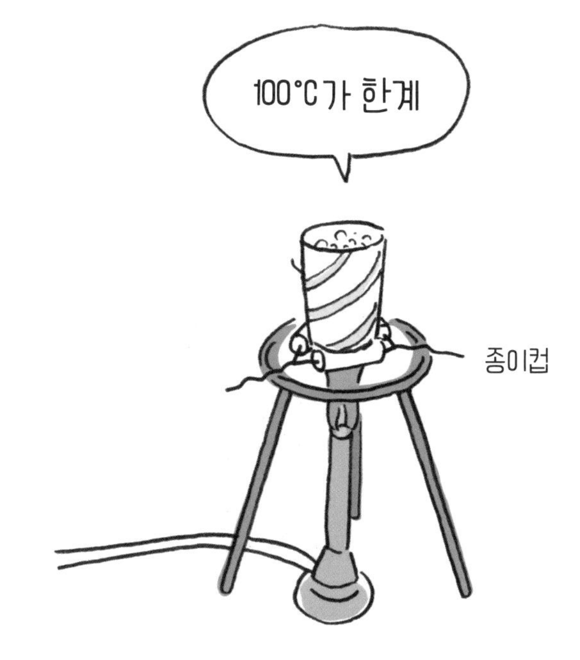

◎ 융해 또는 응고가 이루어질 때 온도가 일정한 이유 ◎

녹는점과 어는점을 측정하는 실험을 할 때는 흔히 파라디클로로벤젠을 이용한다. 파라졸이라는 이름의 방충제 원료이기도 하다.

파라디클로로벤젠은 고체와 액체일 때 분자의 결합 방식이 각각 다르다. 고체일 때는 분자끼리 서로 강하게 끌어당기고 있어 분자가 자기 자리에서 움직이지 않는다. 따라서 모양의 변화가 없다. 이에 비해 액체일 때는 고체보다 분자 간의 결합이 약해 자리를 바꿔가며 이동한다. 그래서 담는 용기에 따라 모양이 바뀐다. 또한 분자의 움직임도 고체일 때보다 활발하다.

고체에서 액체가 될 때부터 생각해보자. 순수한 고체를 가열하면 처음에는 고체의 온도가 올라가지만, 일정한 온도(녹는점)에 도

그림 4 살충제의 다양한 용도

살충제(파라디클로로벤젠)는 녹는점과
어는점을 측정할 때도 쓰인다.

달하면 고체는 융해되어 액체가 되기 시작한다. 이때 온도는 계속 일정하다. 전부 액체가 되면 다시 온도가 올라가기 시작한다. 이것은 가해진 열이 초반에는 온도를 높이는 데 사용되다가, 녹는점에 도달하면 고체의 분자 결합 방식에서 액체의 분자 결합으로 바뀌는 데 모두 사용되느라 온도를 높이는 데에는 쓰이지 않기 때문이다.

액체를 식혀 고체로 만들 때는 초반에 열을 잃으면서 온도가 떨어지기 시작한다. 하지만 굳기 시작하면 분자 결합이 이전과 반대 방향으로 이루어지며 열이 발생하면서 잃었던 열을 보충하므로 온도가 일정해진다.

액체가 끓는 동안 열을 가해도 온도가 일정한 것은 가한 열이 액체의 분자를 1개씩 따로따로 떨어뜨리는 데 쓰이기 때문이다(그림 5). 반대로 기체가 액체가 될 때는 열이 발생한다.

그림 5 기화할 때는 주위에서 열을 빼앗는다

·5· 녹는점과 끓는점은 물질마다 달라

이번에는 여러 물질의 녹는점과 끓는점을 공부해보자.

먼저 오른쪽의 표 1을 살펴보자. 예를 들어 수은은 −39℃ 이하에서 고체 상태, -39℃에서 357℃ 사이에서는 액체 상태, 357℃ 이상에서는 기체 상태라는 것을 알 수 있다(그림 6).

문제 **다음의 물질은 (　　) 안의 온도에서 어떤 상태를 나타낼까? 표 1을 보며 생각해보자.**

(가) 질소 (-205℃)

(나) 산소 (-107℃)

(다) 에탄올 (-200℃)

(라) 금 (3,000℃)

(마) 철 (2,000℃)

정답 (가): 액체 (나): 기체 (다): 고체
(라): 기체 (마): 액체

표 1 물질에 따른 녹는점과 끓는점의 차이

물질	녹는점(℃)	끓는점(℃)
산화 마그네슘	2,800	3,600
이산화 규소	1,670	2,280
철	1,535	2,754
구리	1,084	2,580
금	1,064	2,710
염화 나트륨	800	1,467
알루미늄	660	2,486
물	0	100
수은	-39	357
에탄올	-115	78
프로판	-188	-42
질소	-210	-196
산소	-218	-183
헬륨	-272.2(26기압)	-268.9

그림 6 소금을 액체로 만들기

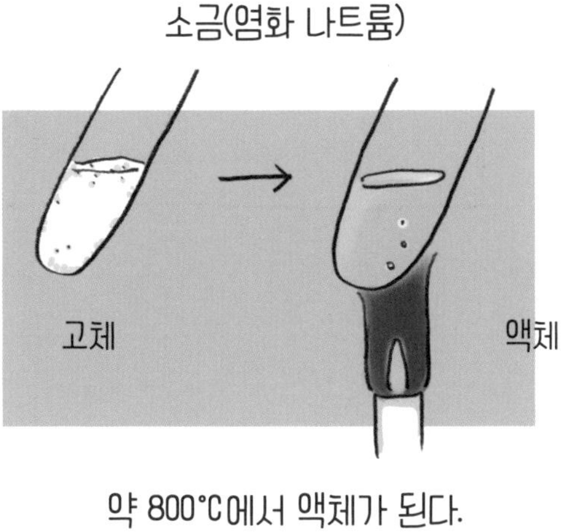

·6· 증류로 순물질 만들기

문제 **다음은 물, 에탄올, 물과 에탄올의 혼합물 세 종류의 액체를 가열했을 때 온도 변화를 나타낸 그래프다. 이 그래프를 보면서 다음 문장의 빈칸을 채워보자.**

물의 끓는점은 100℃, 에탄올의 끓는점은 78℃다. 따라서 물과 에탄올의 혼합물의 경우 A 근처는 (　가　)의 비율이 높은 기체, B의 근처는 (　나　)의 비율이 높은 기체가 나온다.

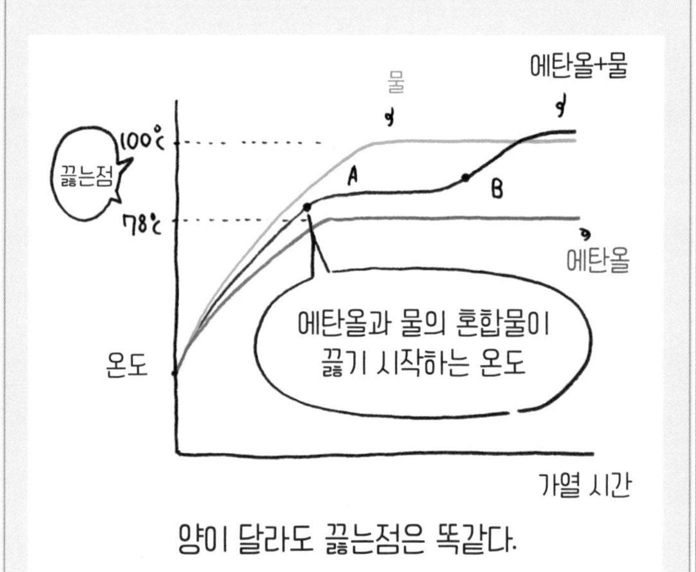

양이 달라도 끓는점은 똑같다.

정답 (가): 에탄올　　　　(나): 물

● 끓는점의 차이를 통해 물질을 나누는 증류

액체를 일단 기화시킨 뒤 이를 다시 냉각시켜 물질을 얻는 방법을 '증류'라고 한다. 증류는 물질의 끓는점 차이를 이용해 물질을 걸러내는 방법이다.

소금물의 경우, 물은 끓는점이 100℃지만 소금은 1,500℃ 근처다. 따라서 소금물을 가열하면 물은 수증기가 되지만 소금은 녹은 채 그대로 있다. 그러므로 순수한 물, 즉 증류수를 얻을 수 있다. 에탄올 또는 물과 같은 순수한 물질과, 에탄올과 물의 혼합물은 가열 시간과 온도에 따라 그래프 2와 같은 차이를 보인다.

그래프 2 순수한 물질과 혼합물에서 가열 시간과 온도의 관계

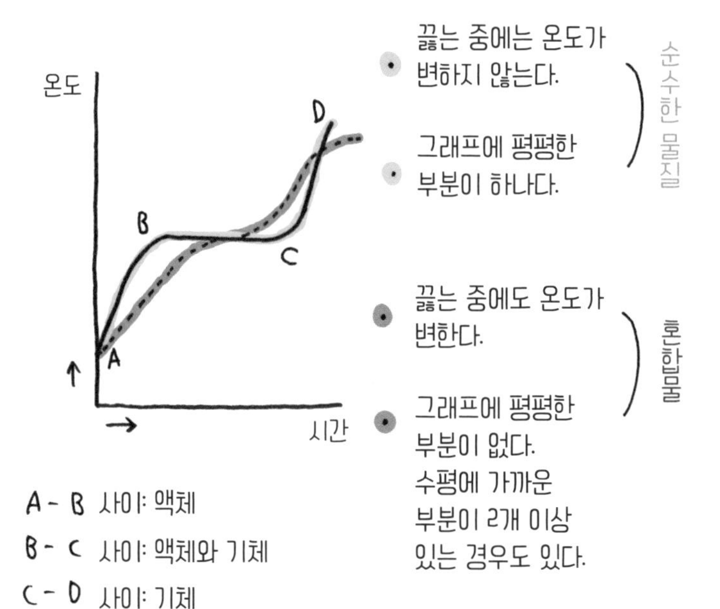

◎ 원유의 증류 ◎

'석유'라고 할 때 무색의 액체를 떠올린다면, 석유를 '등유'라는 뜻으로 쓰고 있는 것이다. 석유 난로나 석유 스토브라고 말할 때의 석유는 등유를 말하기 때문이다.

유전에서 갓 시추한 석유는 산출 지역에 따라 색이 무색에서 녹색, 적갈색, 옻색까지 다양하고, 밀도도 대개 0.7~0.95g/cm^{3}로 물보다 낮지만 아주 드물게는 물에 가라앉는 것도 있다. 찰랑찰랑하게 맑은 것부터 점성이 매우 강한 것까지 다양하다. 이를 '원유'라고 부른다. 따라서 석유라고 말할 때는 등유를 가리키는지, 원유를 가리키는지 생각해봐야 한다.

원유는 여러 탄화수소(탄소 원자와 수소 원자가 결합된 물질)의 혼합물이다. 원유를 증류하면 끓는점에 따라 가스, 나프타, 등유, 경유 등으로 나뉘어 정제된다. 끓는점으로 구분하자면 상온~40℃에서 액화 천연 가스, 40~200℃에서 가솔린, 200~300℃에서 등유, 250~350℃에서 경유, 300~370℃에서 중유를 얻고 나머지는 아스팔트가 된다. 가스는 가압 액화 처리를 통해 연료(LNG, LPG)로, 나프타의 대부분은 가솔린 등 자동차 연료로, 일부는 석유화학공업의 원료로 합성수지, 합성 섬유, 합성 고무, 도료, 합성 세제 등의 제품이 된다. 등유 · 경유는 가정용 연료, 제트기, 디젤엔진용 연료 등으로 쓰인다. 잔유는 윤활유, 아스팔트의 재료로 사용된다.

그림 7 연기의 정체는 고체 또는 액체

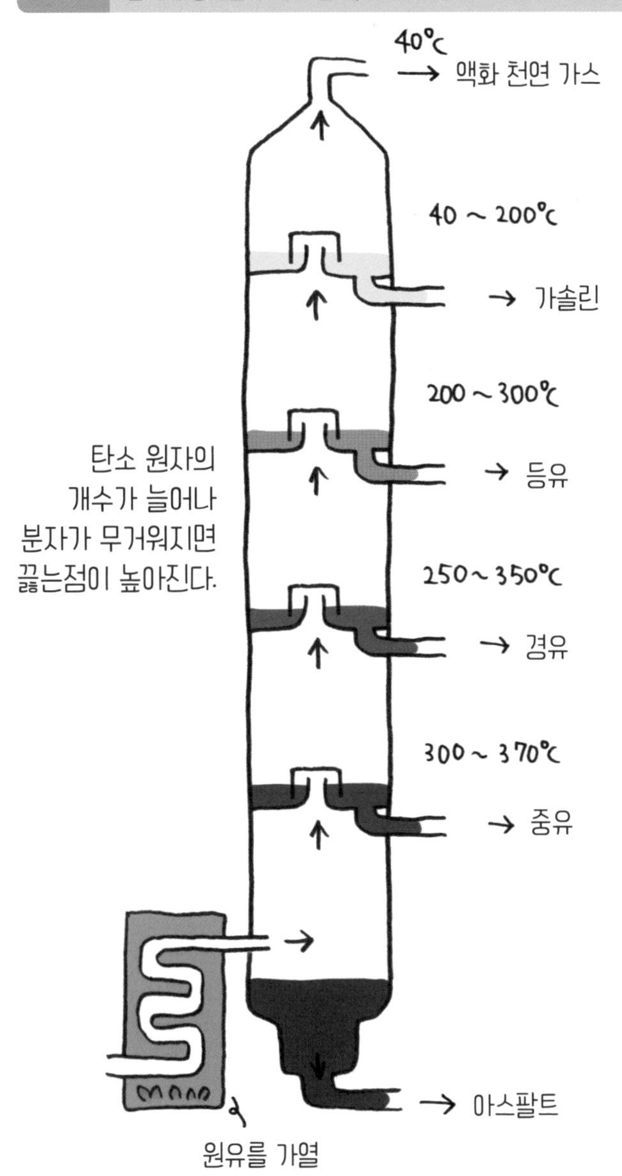

※설비에 따라 온도는 조금씩 다르다.

·7· 상태가 변해도 질량은 변하지 않아

고체인 물질에 열을 가하면 녹는점에서 융해되어 액체가 된다. 이때 일반적으로는 물질의 부피가 커진다. 고체의 분자가 더 밀집해 있기 때문이다(물은 예외).

액체를 가열하면 끓는점에서 끓어올라 기체가 된다. 끓는점 이하에서도 증발이 일어나 기체가 되긴 하지만, 끓는점에서는 액체 상태로 계속 있을 수가 없어 기체가 되기 시작한다. 이때 부피가 크게 늘어난다. 물질에 따라 다르지만 약 1,000배로 커진다. 액체

그림 8 상태 변화와 질량

일 때는 분자끼리 서로 당기며 달라붙어 있지만, 기체일 때는 하나씩 따로 떨어져 분자와 분자 사이가 멀어지기 때문이다(기체 분자는 제각각 날아다닌다. 부피가 약 1,000배로 늘어난다는 것은 분자와 분자 사이의 간격이 약 10배가 된다는 뜻이다). 이와 같은 상태 변화에서는 부피에 변화가 생긴다. 그러나 질량은 변화가 일어나지 않는다(그림 8).

물질을 이루고 있는 원자 · 분자가 질량을 가지고 있으므로 물질에도 질량이 있다. 상태 변화는 원자 · 분자가 모여 있는 방식이 바뀌는 것뿐이다. 그러므로 상태가 변화할 때 물질의 질량은 변하지 않는다. 물 1g은 얼음이 되어도 1g이다. 부피는 1.09배가 된다(그림 9). 수증기가 되어도 1g이다. 부피는 1,672배가 된다.

그림 9 상온 변화에 약한 음료 캔

제5장

이렇게 재미있는 화학 변화

▼

이번 장에서는 원자·분자 수준의 화학 변화를 공부해보자. 눈으로 관찰할 수 있는 반응을 정확히 이해하는 동시에 상상력을 발휘해 원자를 이해해보자. 지금부터는 상태 변화뿐만 아니라 '원자는 불멸한다'는 원리에 입각해 '분해'라는 화학 변화, 그리고 원소 기호를 사용한 화학식과 화학 반응에 대해 알아볼 것이다.

·1· 화학 변화, 새로운 물질이 짠!

탄산수소 나트륨이라는 물질이 있다. 베이킹파우더에 들어 있는 물질로, 중조(重曹)라고 부르기도 한다.

문제 탄산수소 나트륨을 그림과 같이 가열하면 어떤 일이 벌어질까?

그럼 실험 결과를 살펴보자.

① 발생한 기체를 석회수에 넣으니 뿌옇게 흐려진다

→ (가)

② 시험관 입구 부근에 무색의 액체가 모였다

→ (나)

③ 처음의 탄산수소 나트륨과 시험관에 남은 흰색 고체 물질을, 각각 페놀프탈레인 용액에 넣으니 탄산수소 나트륨은 색깔이 거의 없었지만 시험관에 남은 흰색 고체는 붉은색으로 변했다

→ 시험관에 남은 흰색 고체 물질은 탄산수소 나트륨과 다른 것이다. 이것은 탄산 나트륨이라는 물질이다.

정답 (가): 이산화 탄소 (나): 물

탄산수소 나트륨을 가열하니
처음에는 없었던 물과 이산화 탄소와
탄산 나트륨이 생겼지.
이걸 화학 변화라고 하지.

◎ 달고나가 부풀어 오르는 이유 ◎

예전에 학교 앞 문구점에서 사먹곤 하던 '달고나'라는 과자가 있다. 뜨거운 액체 안에 흰색 가루를 넣고 저으면 부풀어 오르던 것.

그 액체는 설탕이 가열되어 녹은 것, 흰색 가루는 탄산수소 나트륨(+달걀흰자)이다. 액체가 된 설탕이 탄산수소 나트륨에서 발생한 이산화 탄소로 부풀어 오르는 원리다. 달고나를 잘라보면 속이 뻥뻥 뚫려 있는데, 이것은 이산화 탄소가 발생하면서 생긴 구멍이다.

그림 1 달고나의 단면

• 가열하면 새로운 물질이 탄생한다?

비슷한 변화는 산화 은을 가열했을 때도 생긴다.

① 검은색 가루(산화 은)가 은색 물질이 되었다

→ 산화 은이 아닌 물질이 생겼다. 이 물질은 금속인 은이다.

② 발생한 기체에 불을 붙인 향을 넣으니 격렬하게 타올랐다

→ 발생한 기체는 산소다.

정리하면 '처음의 탄산수소 나트륨은 탄산 나트륨, 물, 이산화 탄소 이렇게 세 종류의 물질로 나뉘었다. 산화 은은 은과 산소로 나뉘었다'라고 할 수 있다.

이를 식으로 표현하면 각각 다음과 같이 나타낼 수 있다. 식으로 나타낼 때는 처음에 있었던 물질을 화살표의 왼쪽에, 발생한 물질을 오른쪽에 쓴다.

- 탄산수소 나트륨 → 탄산 나트륨 + 물 + 이산화 탄소
- 산화 은 → 은 + 산소

양쪽 모두 처음에는 없었던 새로운 물질이 생겼다.

● 화학 변화와 상태 변화의 차이

그렇다면 탄산수소 나트륨과 산화 은을 가열했을 때의 변화는 상태 변화와 어떻게 다를까? 상태 변화에서는 물질이 고체 · 액체 · 기체라는 상태로 변화할 뿐, 종류에는 변화가 없었다. 가열하면 액체 · 기체가 되고 냉각하면 원래의 고체로 되돌아간다. 그러나 이번 실험에서는 처음에 있었던 물질은 사라지고 또 다른 새로운 물질이 생겨났다. 즉, 다음과 같은 현상이 발생한다.

① 물질의 종류가 바뀌어버린다

② 냉각시켜도 원래의 고체로는 돌아가지 않는다

이런 점에서 상태 변화와는 다른 변화가 나타났다는 것을 알 수 있다. 이처럼 원래의 물질과는 다른 물질이 생겨나는 변화를 '화학 변화'라고 부른다(그림 2). 흔히 '반응한다'는 표현을 쓰는데, '화학 변화가 일어난다'라는 말과 같은 뜻이다. 앞으로 나오겠지만, 화학 변화에는 몇 가지 종류가 있다.

화학 변화 중에 탄산수소 나트륨과 산화 은을 가열했을 때의 변화처럼, 한 종류의 물질이 두 종류 이상의 다른 물질로 나뉘는 변화를 '분해'라고 말한다. 분해란 처음에 A라는 물질이 있었다면 그것이 사라지고 새로운 B 또는 C 등의 물질이 생겨나는 변화를 가리킨다. A, B, C를 사용해 식으로 나타내면 다음과 같이 쓸 수 있다.

물질 A → 물질 B + 물질 C

그림 2 화학 변화와 분해

화학 변화란 처음에 있었던 물질이 사라지고 새로운 물질이 생겨나는 반응을 말한다.

① 물질의 종류가 변한다

② 냉각시켜도 원래대로 돌아가지 않는다

예를 들면 탄산수소 나트륨은 물과 이산화 탄소가 나왔었지.

물질A → 물질B + 물질C

이렇게 변하는 것을 '분해'라고 해.

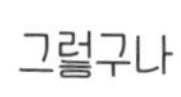

문제 1 **다음의 변화 중에서 화학 변화를 골라보자.**

(가) 암모니아수를 가열했더니 암모니아가 발생했다

(나) 염산에 아연을 넣었더니 아연이 녹고 수소가 발생했다

(다) 양초에 열을 가했더니 무색투명한 액체가 되었다

문제 2 **나무를 찌면(공기가 들어가지 않도록 하고 열을 가한다. 공기가 없어서 타지 않는다), 기체와 타르, 물이 생성되고 나중에 숯만 남는다. 이 변화는 상태 변화와 화학 변화 중 어느 쪽일까?**

정답

[문제 1] (나)

(가)는 물에 녹아 있던 암모니아가 다 녹지 못하고 남은 것이 나타난 것이다. (나)는 처음에 있었던 물질이 사라지고 새로운 수소가 생겨났기 때문에 화학 변화다. (다)는 고체에서 액체로의 상태 변화다.

[문제 2] 화학 변화

상태 변화라면 냉각과 함께 원래대로 되돌아가지만, 이 경우는 원래대로 돌아가지 않는다. 또한 처음에 있었던 나무와는 다른 물질이 몇 종류 생겼다. 이로부터 화학 변화, 그중에서도 분해가 일어났다는 것을 알 수 있다.

·2· 물을 전기로 분해하면 어떻게 될까?

분해 중에서는 물의 전기 분해가 제일 잘 알려져 있다. 다음 문제를 풀면서 생각해보자.

문제 물의 전기 분해에 대해 다음 문장의 빈칸을 채워보자.

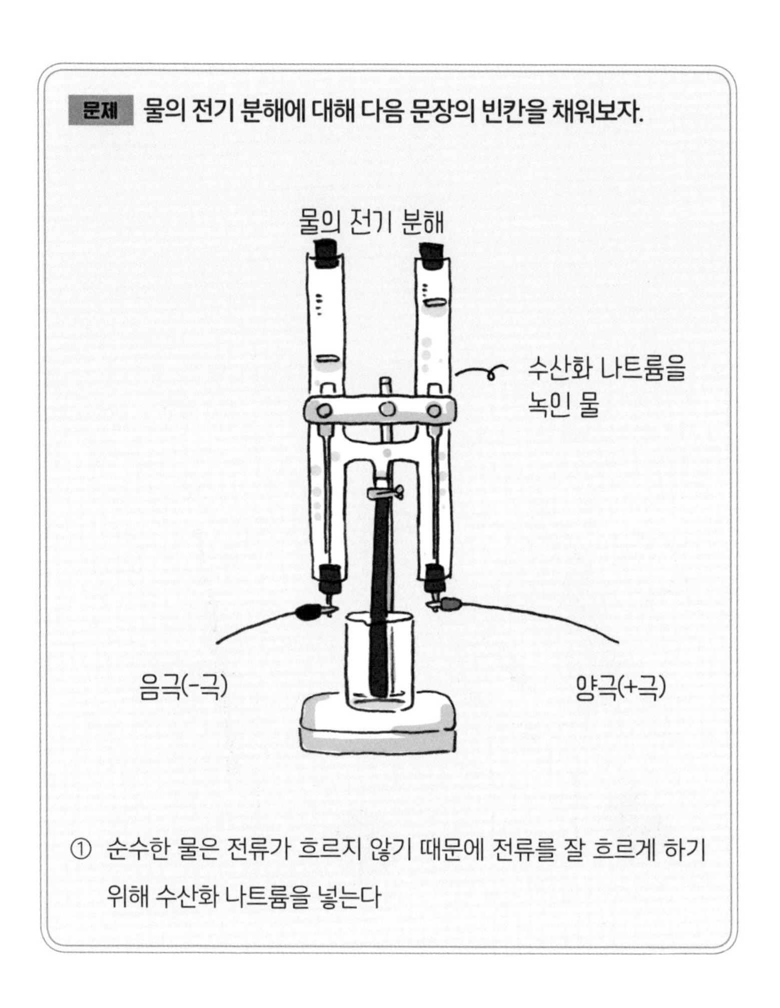

① 순수한 물은 전류가 흐르지 않기 때문에 전류를 잘 흐르게 하기 위해 수산화 나트륨을 넣는다

② 전류를 통하게 하면 양극·음극에 기체가 발생한다. 양극에서 나온 기체의 부피와 음극에서 나온 기체의 부피 비율은,

(가) : (나)

③ 양극에서 나온 기체에, 불을 붙인 향을 넣으면 향은 격렬하게 타오른다(그림 3)

→ 기체는 (다)

④ 음극에서 나온 기체에 성냥불을 넣으면 가벼운 소리를 내면서 탄다(그림 3)

→ 기체는 (라)

그림 3 물의 전기 분해로 발생한 기체는 무엇일까?

정답 가: 1 나: 2 다: 산소 라: 수소

• 물의 전기 분해식

이 실험 결과는 한 종류의 물질이 두 종류 이상의 다른 물질로 나뉘는 화학 변화이므로 '분해'에 해당한다. 전류를 통해 분해가 일어나고 있으므로 '전기 분해'라고 부른다.

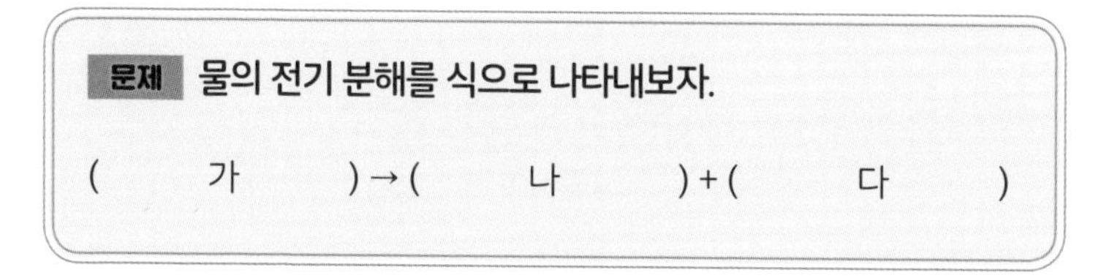

문제 물의 전기 분해를 식으로 나타내보자.

(가) → (나) + (다)

정답 가: 물 나: 수소
다: 산소(또는 나: 산소, 다: 수소)

● 홑원소 물질

물이 분해되어 만들어진 수소와 산소는 더 이상 다른 물질로 분해될 수 없다. 이처럼 물질을 분해하다 보면 마침내는 더 이상 분해할 수 없는 물질에 이르게 된다. 더 이상 다른 물질로 분해할 수 없는 물질을 '홑원소 물질'이라고 한다.

홑원소 물질에는 수소, 산소, 은 외에 탄소, 질소, 철, 구리, 알루미늄, 마그네슘, 나트륨 등 모두 약 100종류가 있다. 홑원소의 종류가 약 100종류인 것은 원자의 종류(원소)가 약 100종류이기 때문이다. 홑원소 물질은 한 종류의 원자로 구성되어 있다. 그러므로 홑원소 물질은 원자의 종류만큼만 존재한다.

● 원자는 더 이상 쪼개지지 않는다

원자는 더 이상 나눌 수 없는 성질을 가지고 있다. 홑원소 물질을 분해하려고 해도 불가능한 이유는 원자가 분해되지 않기 때문이다. 또한 같은 종류의 원자는 모두 같은 크기, 같은 질량으로 존재하며, 종류가 다르면 크기와 질량이 다르다.

◎ 원자의 무게 비교 '원자량' ◎

원자는 매우 작고 가벼운 입자다. 원자의 직경은 약 1억분의 1cm로, 1억 배를 곱하면 약 1cm가 된다. 질량은 종류에 따라 크게 다르지만, 산소 원자 1개가 0.0000000000000000000000266g이다.

원자의 질량은 매우 작아서 화학 교육과정에서는 탄소 원자 1개의 질량을 12로 두고, 이것을 기준으로 각각의 원자 1개의 질량을 비교한 상대적 질량, 즉 '원자량'을 사용해 공부한다. 예를 들면 가장 가벼운 수소가 1, 산소가 16이다. 탄소 원자, 수소 원자, 산소 원자를 각각 6.02×10^{23}개(1몰) 합치면 12g, 1g, 16g이 된다.

그림 4 원자량과 질량

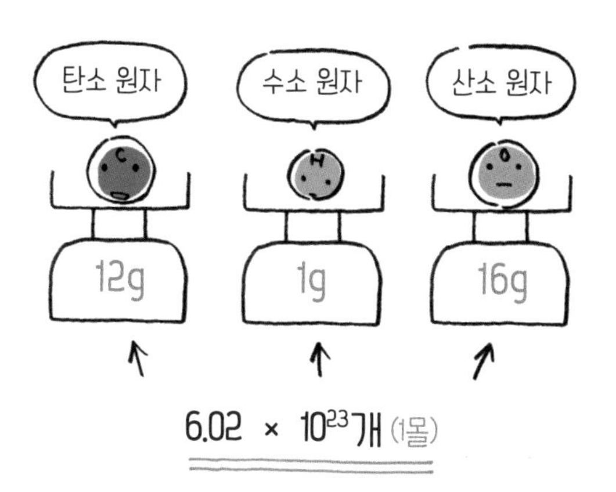

·3· 원소 기호는 화학의 언어

물질은 원자로 이루어져 있다. 따라서 물질을 원자의 기호로 나타낼 수 있다. 원자를 기호로 나타낸 것을 '원자 기호'(또는 원소 기호)라고 한다. 일반적으로 원소 기호라고 하므로 여기서는 원소 기호라고 부르기로 하자.

원소 기호는 약 100종류의 원자를 26개의 알파벳을 사용해 기호로 나타낸 것이므로, 알파벳 한 글자로 모두 표현하기에는 문자 수가 모자란다. 그래서 원소 기호에는 알파벳 한 글자로 된 것과 두 글자로 된 것이 있다(그림 5).

● 원소 기호를 쓰는 규칙

원소 기호에는 적는 원칙이 있다. 알파벳 한 글자로 된 것은 대문자로 쓰고, 두 글자로 된 것 중 두 번째 글자는 필기체 또는 소문자로 쓴다. 44~45쪽 원소 주기율표를 보고 원소 기호를 외운 뒤 다음 문제로 확인해보자.

문제 다음의 원소 기호를 써보자.

1 수소	( )	2 산소	( )
3 탄소	( )	4 질소	( )
5 황	( )	6 나트륨	( )
7 칼슘	( )	8 철	( )
9 구리	( )	10 마그네슘	( )

정답 1: H 2: O 3: C 4: N 5: S 6: Na 7: Ca 8: Fe 9: Cu 10: Mg

그림 5 원소 기호의 예

Cl 염소 Chlorine

Ca 칼슘 Calcium

Co 코발트 Cobalt

Cu 구리 Cuprum

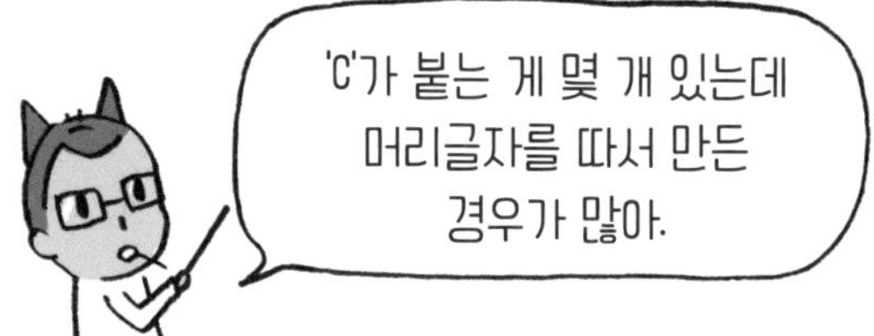

● 원소 기호는 화학의 언어

아래 표 1의 원소 기호는 자주 쓰이는 것들이다. 원소 기호는 화학이라는 세계의 언어와 같다. 화학에서는 가나다라마바사, ABCDEFG에 해당하는 게 원소 기호다. 원소 기호로 물질의 화학식을 만들고, 화학식을 바탕으로 화학 반응식도 만들 수 있다. 화학의 세계에서 화학식은 단어, 화학 반응식은 문장인 셈이다.

표 1 자주 쓰는 원소 기호

금속		
기호	이름	읽는 법
Na	나트륨(소듐)	엔에이
K	칼륨(포타슘)	케이
Mg	마그네슘	엠지
Cu	구리	씨유
Fe	철	에프이
Ca	칼슘	씨에이
비금속		
기호	이름	읽는 법
H	수소	에이치
O	산소	오
C	탄소	씨
S	황	에스
Cl	염소	씨엘
N	질소	엔

● 원소 기호 외우는 법

다음은 원소 기호를 외우는 방법이다. 기본에서부터 시작해 보다 쉽게 외울 수 있는 요령을 소개한다.

① 알파벳 표기의 머리글자

- 탄소 → 카본(Carbon)의 머리글자 → C
- 나트륨 → Natrium → Na
- 마그네슘 → Magnesium → Mg
- 알루미늄 → Aluminium → Al
- 칼륨 → Kalium → K

② 연상법 (리듬감을 살려, 재미있게!)

연상법의 예) "수헬리베브스는 아프네. 나만 알지 펩시콜라. 크크."

H							He
수							헬
Li	Be	B	C	N	O	F	Ne
리	베	브	스	는	아	프	네
Na	Ma	Al	Si	P	S	Cl	Ar
나	만	알	지	펩	시	콜	라
K	Ca						
크	크						

·4· 화학식과 화학 반응식으로 대화하기

모든 물질은 원자로 이루어져 있는데, 그중에는 원자가 2개 이상 붙어 있는 분자로 된 것도 있다. 분자로 구성된 물질에는 다음과 같은 것이 있다.

① 수소와 산소 등 실온에서 기체인 물질

수소나 산소는 각각 원자가 2개 붙어 있는 수소 분자, 산소 분자로 되어 있다(그림 6).

② 물, 이산화 탄소 등의 물질

물과 이산화 탄소는 물 분자, 이산화 탄소 분자로 되어 있다.

그림 6 수소·산소 원자

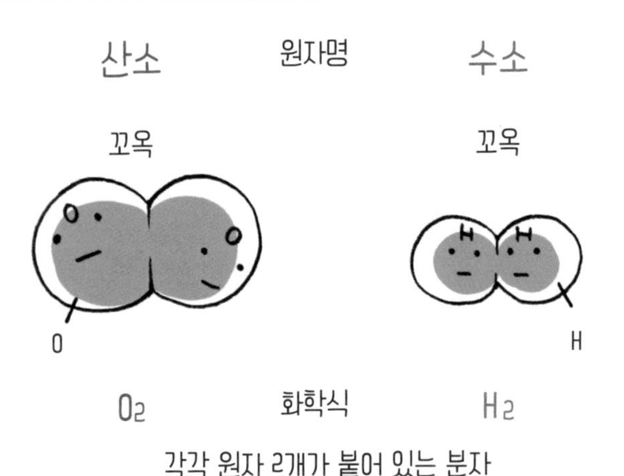

물 분자는 수소 원자 2개와 산소 원자 1개, 이산화 탄소 분자는 탄소 원자 1개와 산소 원자 2개가 붙어 있다(그림 7).

③ 유기물

①, ② 외에 에탄올, 설탕 등의 유기물도 분자로 구성되어 있다.

그림 7 물·이산화 탄소 분자

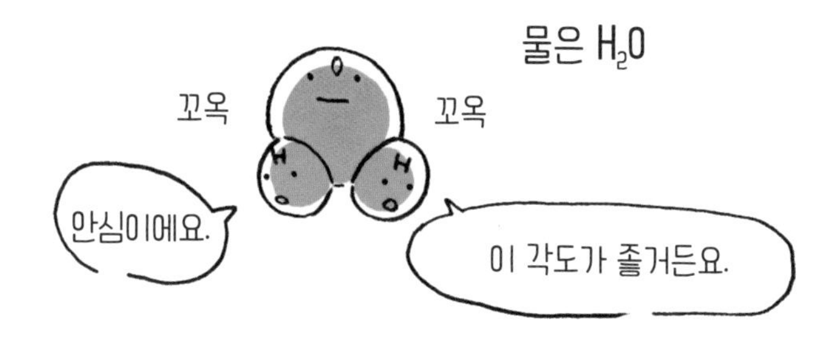

산소 원자 O가 1개, 수소 원자 H가 2개 붙어 있다.

이산화 탄소는 CO_2

다행이다.

붙었다!

꽈악

꽈악

탄소 원자 C가 1개, 산소 원자 O가 2개 붙어 있다.

● 물질을 화학식으로 나타내보자

물질을 원소 기호로 나타낸 것을 '화학식'이라고 한다. 예를 들어 물의 화학식은 다음과 같다.

$$H_2O$$

여기서 H 뒤에 붙는 2는 앞의 H가 2개 있다는 것을 나타낸다. 때로는 $5H_2O$처럼 화학식 앞에 숫자를 붙이는 경우가 있다. 이는 H_2O가 5개 있다는 것을 나타낸다. 이 숫자 5를 '계수'라고 한다(그림 8).

그림 8 물의 화학식

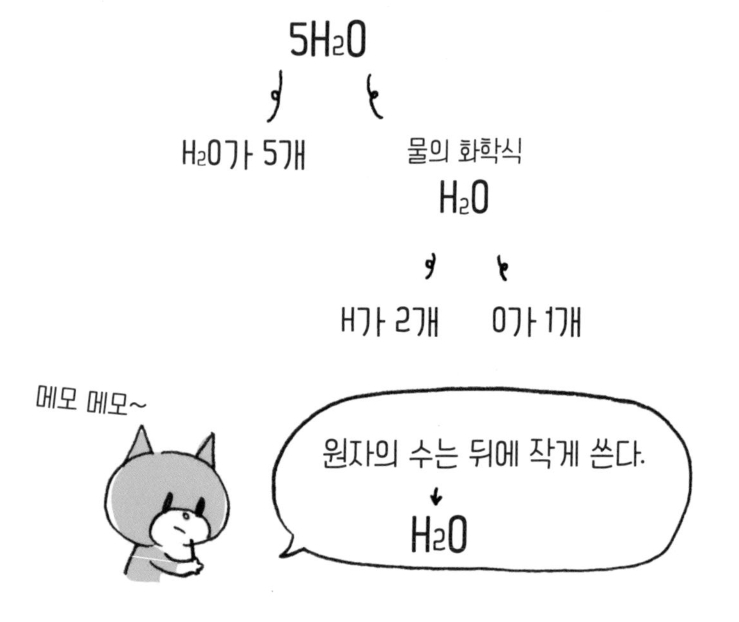

문제 1 $5H_2O$안에는 수소 원자, 산소 원자가 각각 몇 개 있을까?

문제 2 이산화 탄소(CO_2) 분자가 3개 있다면 탄소 원자, 산소 원자는 각각 몇 개씩 있을까?

문제 3 H_2와 2H에는 차이가 있다. 이 차이를 알 수 있도록 다음 문장을 채워보자.

H_2는 수소 (　가　)가 2개가 붙어 (　나　)가 된 것이 1개 있다는 것, 2H는 수소 (　가　)가 (　다　)개 있다는 것을 나타낸다.

정답

[문제1] 수소 원자 10개, 산소 원자 5개

[문제2] 탄소 원자 3개, 탄소 원자 6개

[문제3] 가: 원자 나: 분자 다: 2

● 화학식 쓰는 법

물질의 화학식을 쓰는 법을 세 가지 방법으로 나누어 설명해보자 (그림 9).

① 분자로 구성된 물질:

- 같은 종류의 원자가 2개 붙어 있는 분자로 구성된 물질

수소 -------------------H_2
산소 -------------------O_2

- 두 종류 이상의 원자가 붙어 있는 분자로 구성된 물질

물 ---------------------H_2O
이산화 탄소---------------CO_2

② 금속과 탄소 등 한 종류의 원자가 모여서 만들어진 물질: 원소 기호 하나로 대표된다.

철 ---------------------Fe
구리 -------------------Cu
마그네슘 ----------------Mg
나트륨------------------Na
탄소 -------------------C

③ 두 종류 이상의 원자가 규칙적인 비율로 연결되어 있지만 분자가 아닌 물질: 금속 원소와 비금속 원소로 되어 있다. 화학식을 쓸 때는 금속 원소가 앞에 온다.

황화 철 -----------------FeS
산화 구리 ---------------CuO
산화 마그네슘 ------------MgO
염화 나트륨---------------NaCl
산화 은 -----------------Ag_2O

그림 9 화학식 쓰는 법

① 분자는 그대로
수소 H_2 물 H_2O

② 금속 등 분자를 만들지 않는 것은 원자로
철 Fe 탄소 C

③ 분자를 만들지 않는 화합물은 개수의 비율로
산화 구리CuO 염화 나트륨 NaCl

한 쌍의 원자의 비율은 1:1입니다.

◎ 3대 물질 ◎

이 세상의 물질은 크게 세 가지로 나눌 수 있다. 바로 분자성 물질, 금속, 이온성 물질이다. 즉 분자로 이루어진 물질만 있는 건 아니라는 뜻이다. 이들 물질은 어떤 원소로 되어 있는지로 구별할 수 있다(금속 원소, 비금속 원소에 대해서는 주기율표를 참조하자).

○ **분자성 물질**

분자로 이루어진 물질은 비금속 원소끼리 연결되어 있다.

○ **금속**

금속 원소로 이루어진 물질은 다수의 금속 원자가 모여 있다.

○ **이온성 물질**

금속 원소와 비금속 원소가 연결되어 있는 물질에는 분자가 없다. 이들 물질은 플러스 전하를 가진 원자와 마이너스 전하를 가진 원자가 다수 모여서 만들어져 있다.

분자성 물질에는 수소, 산소 등의 기체, 에탄올 등의 액체, 설탕 등의 고체가 있다. 분자성 물질 중 고체인 것은 열을 가하면 바로 융해되어 액체가 되기 쉬운 성질을 갖게 된다. 이에 비해 이온성 물질은 염화 나트륨 등을 말하는데, 모두 고체다. 가열해도 쉽게 융해되지 않는 것이 대부분이다.

• 화학 반응식 쓰는 방법

화학 반응식 쓰는 법을 알아보자. 화학 반응식은 다음의 4단계를 통해 완성할 수 있다.

① 반응 물질과 생성 물질의 이름으로 화학 반응을 표현한다.

② 반응 물질과 생성 물질을 화학식으로 표현한다(우리말식 아래에 화학식을 쓴다).

③ 반응 전후에 원자의 종류와 개수가 같도록 계수를 맞춘다. 단, 계수가 1일 때는 생략한다.

④ 반응 전후에 원자의 종류와 개수가 같은지 확인한다.

• 탄소와 산소에서 이산화 탄소가 만들어지는 화학 반응식

탄소가 탈 때의 화학 반응식이다.

① 탄소 + 산소 → 이산화 탄소

② $C + O_2 \rightarrow CO_2$

③ 화살표 좌우로 C와 O의 개수가 맞으므로 이걸로 완성!

문제 물의 분해에서 수소와 산소가 만들어졌을 때의 화학 반응식을 완성해보자.

① 우선 우리말로 쓴다

(가) → 수소 + (나)

② 물질의 화학식을 쓴다

(다) → (라) + (마)

③ 화살표 좌우로 계수가 맞는지 확인한다

(바)의 수가 맞지 않으므로 이를 맞추려면 (다) 아래에 (다)를 하나 더 쓴다. 그러면 이번에는 (사)의 수가 맞지 않기 때문에 (라) 아래에 (라)를 하나 더 쓴다.

(다) → (라)

(다) → (라) + (마)

이렇게 좌우의 원자 수가 맞춰졌다.

똑같은 원자 2개는 계수를 붙여 정리한다.

(아) → (자) + (차)

정답

가: 물 나: 산소 다: H_2O 라: H_2

마: O_2 바: 산소 원자(또는 O) 사: 수소 원자(또는 H)

아: $2H_2O$ 자: $2H_2$ 차: O_2

문제 **산화 은이 분해되어 은과 산소가 발생할 때의 화학 반응식을 써보자.**

① 우선 우리말로 쓴다

② 화학식을 써본다

③ 계수를 맞춰 정리한다

정답

$2Ag_2O \rightarrow 4Ag + O_2$

·5· 분해 작용의 반대는 화합 작용

탄산수소 나트륨	→ 탄산 나트륨 + 물 + 이산화 탄소
산화 은	→ 은 + 산소
물	→ 수소 + 산소

지금까지 화학 변화 중 위와 같은 분해에 관해 살펴봤다. 분해 반응이 'A → B + C'로의 변화라면 그 반대인 'A + B → C'로의 변화도 있다. 철과 황의 반응을 예로 들어 알아보도록 하자.

그림 10 철과 황의 반응

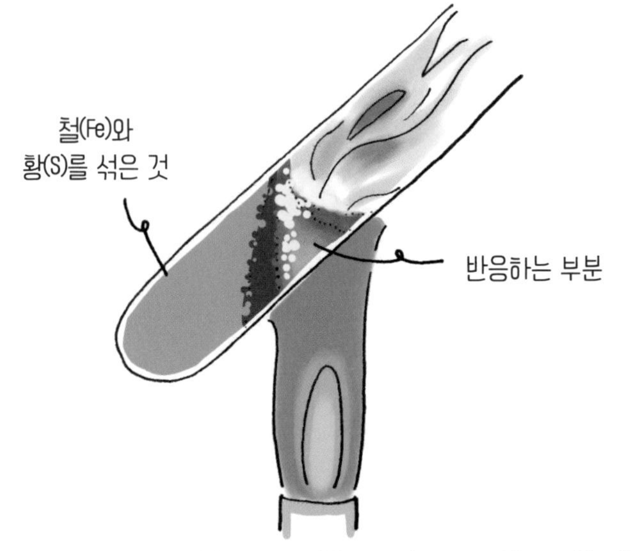

반응이 시작되면 가열을 멈춰도 반응이 계속 이어져 전체로 확대된다.

● 철가루와 황가루를 가열하면

철가루와 황가루의 혼합물을 일부 가열하면 반응이 시작되어 붉게 타오른다. 가열을 멈춰도 붉게 타는 부분은 전체로 번져간다(그림 10). → 반응이 시작되면 열이 나면서(발열하면서) 붉게 탄다.

● 자석과의 반응

철가루와 황가루의 혼합물(A라고 하자)을 가열해 반응시킨 결과물(B라고 하자)에 자석을 가까이 대면 A는 끌려오지만 B는 끌려오지 않는다(그림 11). → 반응한 결과물은 철의 성질이 사라졌다.

● 염산과의 반응

A와 B에 약한 염산을 넣으면 A에서는 냄새가 없는 기체가 발생하고 B에서는 자극적인 냄새가 나는 기체가 발생한다(그림 11). → A에서 나온 무취의 기체는 수소로, 철과 염산이 반응해 발생한 것이다. B에서 나온 자극적인 냄새의 기체는 황화수소로, 삶은 달걀의 껍질을 벗겼을 때 나는 강렬한 냄새를 가진 유독성 물질이다.

● 화학 반응식

철가루와 황가루의 혼합물을 가열해 반응시켜 발생한 물질은 황화철로, 철도 아니고 황도 아닌 또 다른 물질이다.

철	+	황	→	황화 철
Fe	+	S	→	FeS

• 화합이라는 반응

철과 황을 섞어 가열하면 철도 황도 아닌 황화 철이라는 또 다른 물질이 발생한다. 이처럼 두 종류 이상의 물질이 붙어 있다가 또 다른 새로운 물질을 발생시키는 화학 변화를 '화합'이라고 한다. 또한 화합으로 생긴 물질을 '화합물'이라고 부른다. 화합물은 두 종류 이상의 원자가 연결되어 이루어져 있다. 황과의 화합물은 '황화 ○○', 산소와의 화합물은 '산화 ○○'이라는 이름이 붙는다.

그림 11 반응 전과 반응 후의 성질 차이

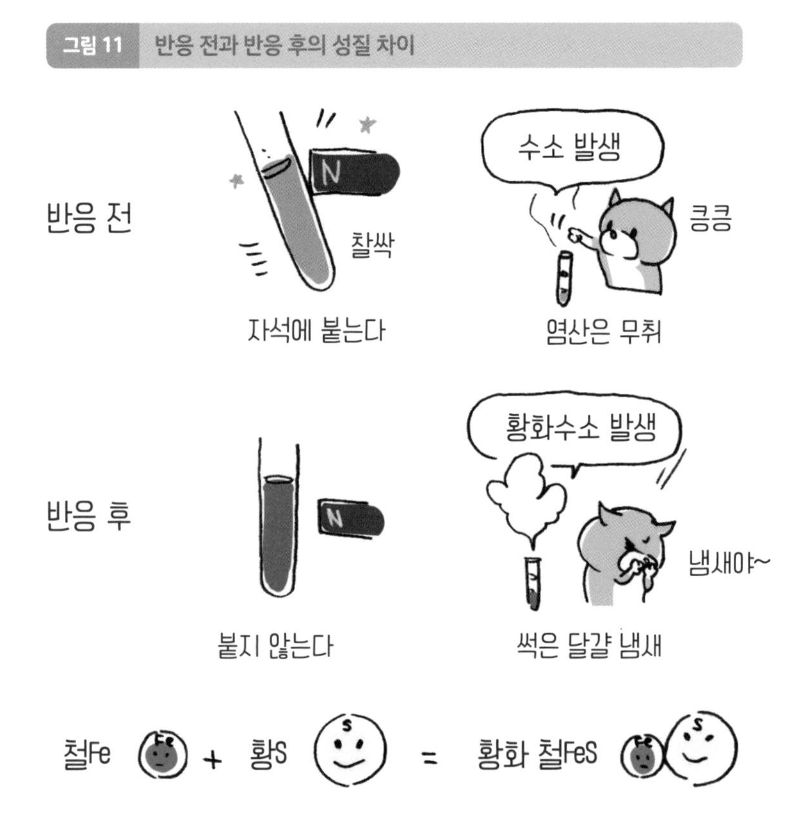

◎ 혈액 속 철분과 쇠막대는 같은 물질일까? ◎

쇠막대에는 아주 많은 수의 철 원자가 모여 있다. 혈액 속의 철분은 원자를 기준으로 보면 쇠막대의 철 원자와 같다고 볼 수 있다. 둘의 차이점은 쇠막대는 같은 원자만으로 이루어진 '홑원소 물질'이고, 혈액 속 철은 철 원자 1개에 다른 종류의 원자가 붙어 '화합물'(헴, Heme)로 되어 있다는 것이다.

철은 우리 몸 안에 4~5g 정도 들어 있다. 이 중 60~70%가 혈액 속에 있다. 혈액 속 적혈구는 헤모글로빈이라는 붉은색의 단백질 색소를 갖고 있는데, 이 때문에 혈액이 붉은색을 띤다. 철은 이 헤모글로빈과 연결된 상태로 체내에 존재한다.

쇠막대는 표면이 거의 검은색에 가까운데 이것은 산소 등과 반응해 표면에 '녹'(철과 산소 등의 화합물)이 슬었기 때문이다. 홑원소 물질인 철은 은색이므로 내부는 은색이다.

일상생활에서도 화합물을 구성하는 원자의 이름인지 홑원소 물질의 이름인지 확실히 구별하지 않고 쓰는 경우가 많다. 예컨대 "우유에는 칼슘이 풍부하다"라고 할 때의 칼슘은 홑원소 물질이 아닌 화합물을 가리킨다. 칼슘의 홑원소 물질은 은색 금속으로, 물과 만나면 수소를 발생하면서 알칼리성의 강한 수산화 칼슘으로 변한다. '불소 함유 치약'의 불소도 홑원소 물질이 아닌 불소 화합물을 말한다. 불소의 홑원소 물질은 기체로, 매우 유해하다.

◎ 일회용 손난로의 비밀 ◎

물질이 화합할 때는 열이 발생한다. 발생한 열량이 적기 때문에 느낄 수 없을 뿐이다. 산소는 다른 물질과 반응하기 쉬운 성질이 있다. 금속을 공기 중에 그대로 두면 머지않아 표면에 녹(산소와의 화합물)이 슨다. 이때도 발열이 일어난다. 타이어가 쌓여 있는 곳에서 갑자기 불이 나는 사건이 일어나기도 하는데, 이것은 타이어 안의 철선이 산소와 화합 반응을 일으켰을 때 발생한 열로 불이 나는 것이다.

화합 반응에서 나오는 열을 이용한 상품으로 일회용 손난로가 대표적이다. 물질이 화합할 때 필요한 첫 번째 조건은 화합하는 물

그림 12 손난로 만드는 법

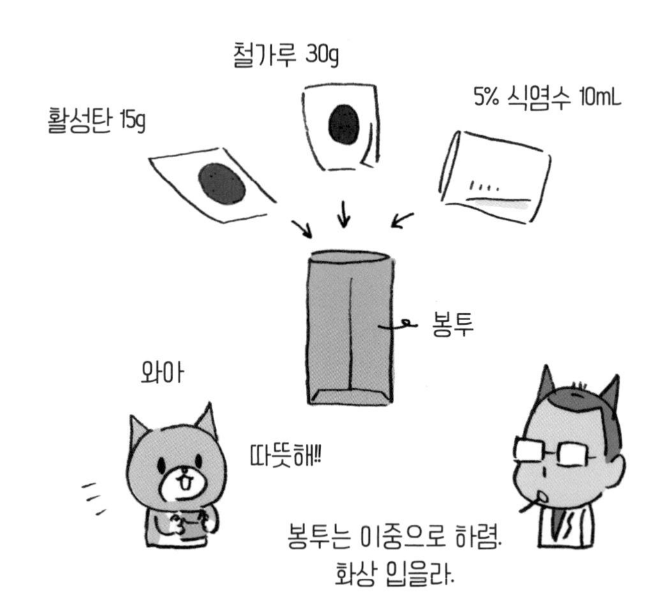

질끼리 접촉이 잘 되어야 한다는 점이다. 철선보다는 철가루가 표면적이 커져 공기 중의 산소와 화합하기 쉽다. 일회용 손난로에는 철가루, 식염수를 흡수한 활성탄 등이 들어 있다. 식염수는 철과 산소와 물이 화합 반응을 일으키는 것을 촉진하는 작용을 한다(해안에 가까운 곳에서 자동차가 녹슬기 쉬운 것은 이 때문이다). 일회용 손난로를 포장지에서 꺼내면 철가루와 공기 중의 산소와 물이 화합 반응을 일으켜 열이 난다. 그래서 따뜻하게 손을 덥힐 수 있는 것이다. 철가루의 화합 반응이 완전히 진행되면 더 이상 열이 나지 않으므로 일회용 손난로는 재활용할 수 없다.

철 + 산소 + 물 → 수산화 철 + 열

·6· 연소, 산소와의 강렬한 만남

강철솜은 울(양모)처럼 얇은 스틸(철강)이라는 의미로, 철로 만들어졌다. 강철솜은 철가루만큼은 아니지만 쇳덩어리보다 표면적이 훨씬 넓기 때문에 산소와 화합하기 쉽다. 가정에서도 강철솜, 즉 철이 타는 것을 관찰해볼 수 있다. 이때 아래에 금속판과 슬레이트 판을 깔고 그 위에서 실험하면 좋다. 우선 강철솜은 가능하면 풀어놓는다. 그리고 되도록이면 틈을 많이 만들어놓는다. 판 위에 풀어놓은 강철솜을 올리고 불을 붙인다. 그러면 크리스마스트리처럼 반짝반짝하고 불이 번져나갈 것이다.

태운 뒤 강철솜을 조사해보면 다음과 같은 사실을 알 수 있다.

① 질량을 비교한다

→ 태운 후에 무거워진다(공기 중의 산소와 붙었다).

② 색과 광택을 비교한다

→ 색이 검게 변하고 광택이 사라진다.

③ 손가락으로 만져본다

→ 손가락으로 만지면 부서진다.

④ 소량을 염산에 넣어본다

→ 강철솜을 염산에 넣으면 수소가 발생한다. 그러나 모두 탄 뒤에는 기체를 발생시키지 않는다.

위와 같이 강철솜은 산소와 연결된 다른 물질로 변한다는 사실을 알 수 있다. 산소와 화합해 산화 철이라는 검은색 물질이 된 것이다. 이때의 화학 변화는 다음과 같다.

철 + 산소 → 산화 철

산화 철에는 몇 가지 종류가 있다. 강철솜을 태웠을 때 생기는 산화 철은 산화 철(Ⅲ)(Fe_2O_3), 사산화 삼철(Fe_3O_4) 등이다.

그림 13 마그네슘의 연소

마그네슘 + 산소 → 산화 마그네슘

$2Mg + O_2 \rightarrow 2MgO$

• 마그네슘을 가열하면?

마그네슘은 은백색의 금속으로 열을 가하면 강한 빛을 내며 타다가 흰색 가루가 된다. 이때 질량도 늘어난다(그림 13).

마그네슘 + 산소 → 산화 마그네슘

철과 마그네슘은 태운 후에 질량이 늘어난다. 이는 다 태우고 났을 때 무언가가 철과 마그네슘에 붙어 있다는 사실을 나타낸다. 이를 통해 공기 중의 산소와 화합했음을 유추해볼 수 있다.

문제 마그네슘을 태웠을 때의 화학 반응식을 써보자.

정답

Mg　　　　　MgO
　　+ O_2 →
Mg　　　　　MgO

정리하면,

$2Mg + O_2 \rightarrow 2MgO$

• 산소와 달라붙는 반응

철과 마그네슘이 탈 때처럼, 물질이 강한 열과 빛을 내면서 산소와 화합 반응을 일으켜 다른 물질이 생기는 변화를 '연소'라고 한다. 연소를 포함해 물질이 산소와 화합 반응을 하는 것을 '산화'라고 하며, 산화로 발생한 물질을 '산화물'이라고 한다.

● 탄소와 수소가 산소를 만났을 때

하지만 우리가 일상에서 철과 마그네슘을 태울 일은 거의 없을 것이다. 대부분 등유, 프로판가스, 천연가스 등의 유기물과 같이 탄소를 중심으로 하는 화합물을 연소하는 경우가 많다. 일상에서 쉽게 볼 수 있는 연소 반응에 대해 알아보자.

① 탄소와 수소의 연소

공기 중에서 숯(탄소)을 태우면 이산화 탄소가 발생한다(그림 14).

탄소	+	산소	→	이산화 탄소
C	+	O_2	→	CO_2

그림 14 탄소의 연소

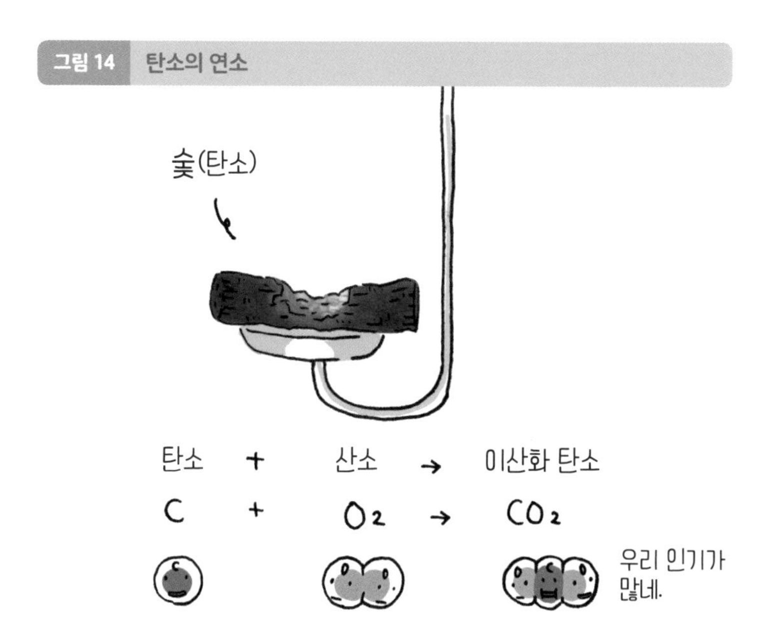

수소를 태우면 물이 발생한다.

수소	+	산소	→	물
$2H_2$	+	O_2	→	$2H_2O$

이때 열과 빛이 발생하므로 이 화학 변화는 연소다. 이산화 탄소와 물은 탄소, 수소의 산화물이다.

② 등유와 에탄올의 연소

등유와 에탄올이 연소되면 둘 다 이산화 탄소와 물이 생긴다. 이 사실로부터 등유와 에탄올의 성분 원소에 탄소와 수소가 포함되어 있음을 알 수 있다.

탄소 · 수소(등유 · 에탄올) + 산소 → 이산화 탄소 + 물

그 밖에도 석유, 나무, 종이, 천연가스(메테인), 프로판가스, 초, 설탕 등도 연소되면 이산화 탄소와 물이 발생하므로, 성분 원소에 탄소와 수소가 포함되어 있음을 알 수 있다. 이렇게 우리가 이용하는 연료의 주요 성분 원소는 탄소와 수소다. 즉, 물질이 연소된다고 해서 항상 이산화 탄소가 생기는 게 아니다. 이산화 탄소가 발생하는 것은 타는 물질에 탄소가 포함되어 있는 경우뿐이다.

◎ 산화의 주역, 산소 ◎

산소는 다른 물질과 반응하기 쉬운 성질이 있다. 공기의 약 5분의 1이 산소이므로 공기 중의 물질은 산소와 반응하는 조건 아래에 있는 셈이다. 사과를 깎아 그대로 두면 갈색으로 변하는 것은 표면이 산화되었기 때문이다.

음식물이 산화되어 변질되면 맛이 변하기도 한다. 그래서 와인 등에는 산화방지제가 들어 있다. 음식물이 산화되면 안 되는 경우에는 탈산소제를 함께 넣고 밀폐한다. 보통 탈산소제는 아주 고운 철가루다.

우리가 음식물을 섭취하고 살아가는 것도 산화 작용 중 하나다. 체내에 흡수한 영양분과 폐로 들이마신 산소가 반응했을 때 발생하는 에너지로 살아가고 있기 때문이다.

그림 15 산화

◎ 녹으로 녹이 스는 것을 막는다 ◎

녹슬지 않는 금속 중 유명한 것이 스테인리스스틸(약칭 스테인리스)이다. 스테인리스는 철과 크롬 등의 합금(2종 이상의 금속으로 이루어진 금속)이다. 스테인은 영어로 '녹', 리스는 '~가 없는'이라는 뜻으로 스테인리스는 '녹슬지 않는'이라는 뜻이다.

그러나 실제로는 스테인리스 표면에는 녹이 슨다. 눈에 보이지 않는 얇은 녹(금속이 산소와 물과 만나 만들어진 것)이 표면을 덮고 있다(그림 16). 금속이 녹스는 것은 공기 안의 산소, 수분 등과 금속이 반응하기(연결되기) 때문이다. 스테인리스가 녹슬 때 표면은 완전히 녹

그림 16 스테인리스 포크에 녹이 슬지 않는 이유

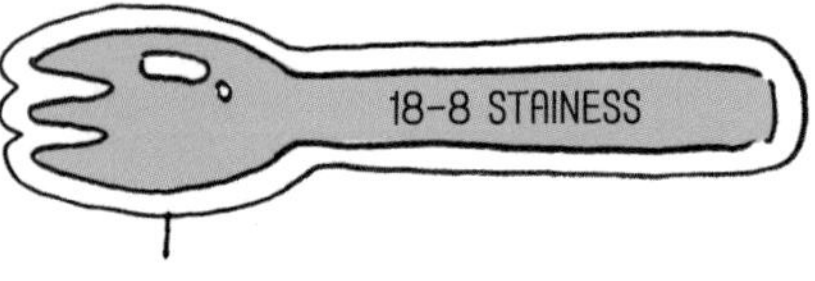

으로 꽉 채워져 있기 때문에 공기와 수분이 더 이상 금속과 닿지 못하게 한다. 즉 녹으로 녹이 스는 것을 방지하는 셈이다. 쇠로 된 주방 칼과 냄비도 표면의 검은 녹이 새로 녹이 스는 것을 예방한다.

똑같은 현상은 알루미늄(1원짜리 동전은 100% 알루미늄)에서도 나타난다. 1원짜리 동전을 살펴보면 안쪽에 비해 표면이 살짝 하얗고 광택도 없다. 표면이 역시 녹이 슬어 있는 것이다(산화 알루미늄). 이 녹을 더 두껍고 단단하게 만든 것이 '알루마이트'다. 알루미늄 도시락통, 주전자, 알루미늄 새시 등은 모두 표면을 알루마이트로 만든 것이다(그림 17).

그림 17 녹의 층을 두껍게 만든 알루마이트

◎ 격렬한 연소 반응, 폭발 ◎

'프로판가스 폭발', '수소 실험 중 폭발 사고'와 같은 뉴스가 신문에 등장하는 경우가 있다. 프로판가스에 수소나 산소가 섞여 있을 때 불을 붙이면 폭발이 일어나는 일은 드물지 않다. 수소와 산소의 혼합물에 불을 붙이면 한 곳에서 일어난 연소가 매우 빨리 주변으로 번져 급격히 연소된다. 급격한 연소에 따라 갑자기 온도가 높아지면 연소로 생긴 기체와 주변의 공기가 급속도로 팽창하고 꽝 하는 폭발음과 동시에 사물을 날려버리기도 한다. 이때의 폭발은 아주 빠른 속도의 연소 반응이다(그림 18).

타는 물질과 공기(산소)가 적당한 비율로 섞여 있을 때 불이 붙으

그림 18 폭발과 연소의 차이

면 폭발이 일어난다. 천연가스, 가솔린 증기, 알코올 증기 등이 적당한 비율로 섞여 있을 때 불이 붙으면 폭발이 일어나는 것이다. 그래서 연료로 사용하는 가스에는 누출이 될 경우 바로 알아차릴 수 있도록 미량이라도 아주 심한 냄새가 나는 기체를 섞어둔다.

한편 도시가스 냄새를 맡으면 중독된다고 생각하는 이들이 있는데, 가스 중독은 일산화 탄소가 섞여 있는 경우에 발생한다. 현재 도시가스는 대부분 천연가스(메테인) 성분이고 여기에는 일산화 탄소가 들어 있지 않다.

일상생활에서 폭발 현상을 활용하는 사례 중에 자동차가 있다(그림 19). 자동차는 가솔린과 공기의 혼합물을 폭발시켜 엔진을 움직임으로써 달릴 수 있다.

그림 19 엔진은 폭발을 이용한 장치

◎ 완전 연소와 불완전 연소 ◎

실험실에 있는 가스버너에는 가스의 양과 공기의 양을 조절하는 나사가 붙어 있다. 공기량이 적을 때는 버너에서 나오는 불꽃의 끝부분이 빨갛고 하늘하늘 흔들린다. 공기량을 늘리면 불꽃의 중심부가 새파랗게 되면서 세게 타오르기 시작한다. 이때 불꽃의 온도가 가장 높고 효율도 가장 좋은데, 이 현상을 '완전 연소하고 있다'고 말한다.

여기서 공기량을 더 늘리면 불꽃은 점점 짧아져 마침내는 꺼져버린다. 공기의 양이 너무 적거나 너무 많으면 불완전 연소가 일어나기 때문이다. 불완전 연소를 하면 그을음이 생기거나 굉장히 유해한 일산화 탄소가 발생하기도 한다.

일정량의 가스를 완전 연소시키기 위해서는 그에 맞는 공기량이 필요하다. 공기의 필요량은 타는 물질의 종류와 양에 따라 다르다. 예를 들어 천연가스의 주성분인 메테인(CH_4) 1L를 태우는 데는 약 10L의 공기가 필요하지만, 프로판가스(C_3H_3) 1L를 태우는 데는 약 25L의 공기가 필요하다.

완전히 밀폐된 실내에서 연소를 계속하면 공기 중의 산소가 줄어들어 불완전 연소 상태가 된다. 그러므로 실내에서 가스스토브, 석유스토브, 가스난로, 가스급탕기 등을 사용할 때는 자주 환기를 해야 한다.

·7· 산소 떼어내기 대작전, 환원

구리와 산소의 화합물인 산화 구리에서 금속인 구리를 얻을 수 있을까? 우선 산화 구리에 탄소를 섞어 열을 가해보자(그림 20). 산화 구리는 검은색이고 구리는 붉은색을 띠고 있으므로 구리가 만들어졌다면 색으로 알 수 있다. 이 반응을 화학 반응식으로 예상해보자. 산화 구리는 CuO, 탄소는 C다.

그림 20 산화 구리와 탄소를 섞어 가열해보자

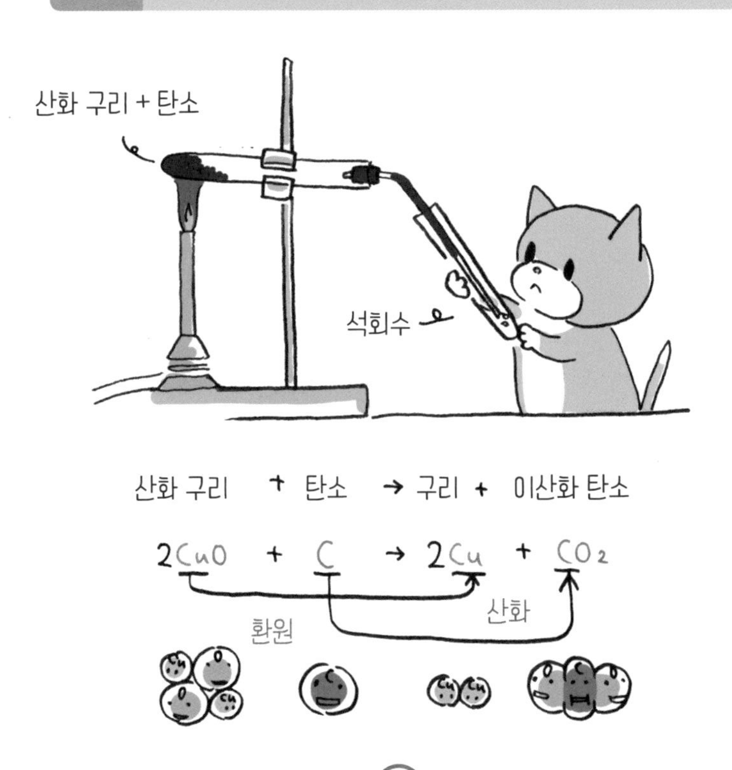

산화 구리	+	탄소	→	?
CuO	+	C	→	?

어떤 반응이 일어날까?

Cu와 C는 연결될 수 없다. 그럼 O와 C는 어떨까?

실험결과는 다음과 같다.

① 반응 후 붉은색 물질이 남는다

→ 금속 구리다.

② 발생한 기체를 석회수에 통과시키면 뿌옇게 흐려진다

→ 기체는 이산화 탄소다.

그림 21 산화 구리의 환원

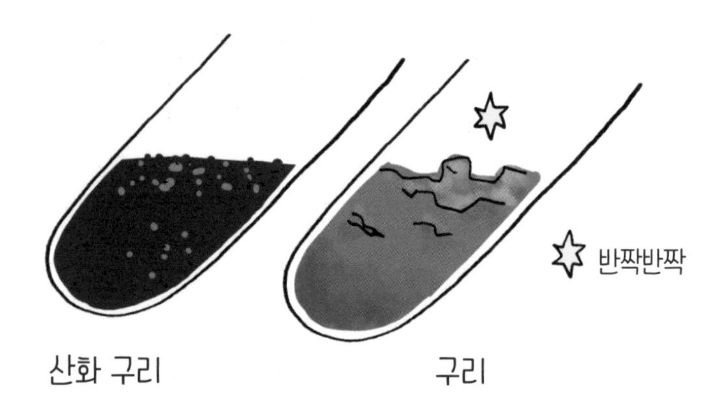

위의 사실로부터 다음의 반응이 일어났다는 것을 알 수 있다.

산화 구리	+	탄소	→	구리	+	이산화 탄소
CuO	+	C	→	Cu	+	CO_2

이 화학 반응식은 계수가 맞지 않는다. 그럼 문제를 풀어보자.

문제 **계수를 맞춰보자.**

정답 $2CuO + C \rightarrow 2Cu + CO_2$

● 산화 구리의 환원 반응

이 화학 변화를 통해 '산화 구리는 탄소에 산소를 빼앗기고 구리가 되었다'는 걸 알 수 있다(그림 21). 이처럼 산화물이 산소를 제거하는 현상을 '환원'이라고 한다. 한편 탄소의 입장에서 보면 '산화 구리 때문에 산화되어(산소와 연결되어) 이산화 탄소가 된' 셈이다. 즉 한쪽에서는 환원이 일어나고, 다른 한쪽에서는 산화가 일어난 것이다.

문제 **산화 구리가 수소에 의해 환원되어 구리가 되었다. 이때의 화학 반응식을 써보자.**

정답 $CuO + H_2 \rightarrow Cu + H_2O$: 구리와 물이 생긴다.

◎ 제련 ◎

금속의 원료는 보통 땅속에서 채굴되는 광석이다. 광석은 주로 금속의 산화물 등 화합물이므로 이것을 환원시켜 금속을 채취한다. 광석에서 금속을 채취해 정제 · 가공하는 것을 '제련'이라고 한다.

철은 적철광(주성분 Fe_2O_3) 등의 철광석을 용광로에서 환원시켜 만든다(그림 22). 용광로 안에서 Fe_2O_3는 탄소와 일산화 탄소로 인해 환원된다. 생성된 선철은 용광로 바닥에 쌓이고 불순물은 그 위에 슬래그로 떠오른다. 용광로에서 얻는 철은 탄소를 다량 함유

그림 22 철의 제련

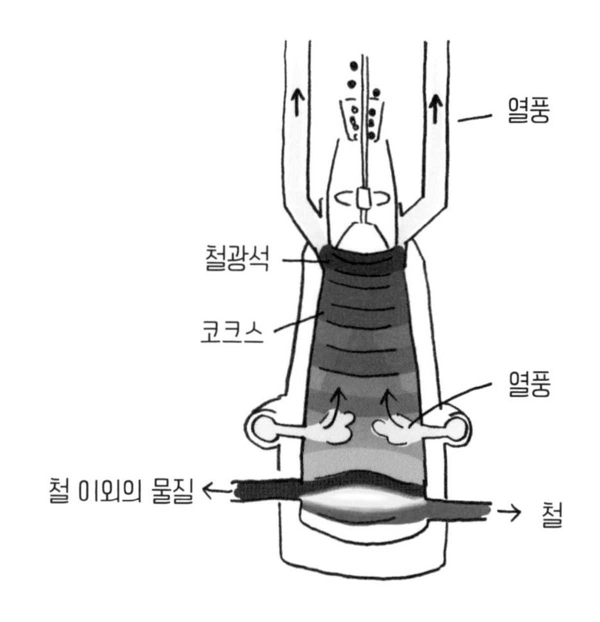

하고 있어 부서지기 쉬운 '선철'이다. 선철을 회전하는 용광로로 옮겨 산소를 주입하면 '강철'이 된다. 강철은 탄소 함유율이 낮아(0.04~1.7%) 튼튼하기 때문에 철골과 레일 등에 사용된다.

알루미늄은 우선 광석인 보크사이트(철반석)에서 산화 알루미늄 Al_2O_3(알루미나)를 만든다. 알루미나는 알루미늄과 산소가 아주 강하게 붙어 있기 때문에 탄소와 일산화 탄소로는 환원이 어렵다. 또한 융해시켜 액체로 만들기도 어렵다. 따라서 녹는점을 낮추기 위해 알루미나에 빙정석(Na_3AlF_6)을 더해 약 1,000℃에서 융해한다. 그다음 이 액체를 전기 분해하면 알루미늄을 얻을 수 있다(그림 23).

그림 23 알루미늄의 제련

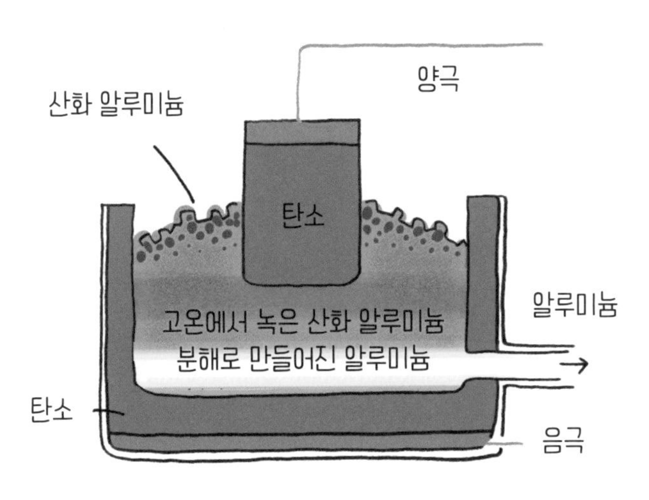

보크사이트에서 추출한 산화 알루미늄을 전기 분해해서 홑원소 알루미늄을 얻을 수 있다.

◎ 이산화 탄소 안에서도 타는 것 ◎

'이산화 탄소만으로는 아무것도 타지 않는다'는 건 상식이다. 그러나 이것은 일상생활 수준의 이야기다. 사실은 이산화 탄소 안에서 타는 물질도 존재한다. 이산화 탄소는 탄소와 산소가 붙어 있는 분자로 되어 있다. 그 말은 이산화 탄소 안에 산소가 있다는 뜻이다. 이 산소를 사용해 연소가 가능하다.

사실 탄소보다 산소와 강하게 결합하는 물질은 거의 없다. 즉 탄소와 산소가 붙은 이산화 탄소에서 산소를 빼앗아 태우는 물질이라면 이산화 탄소 안에서도 연소가 가능하다는 뜻이 된다. 그만큼 산소와 강하게 연결되는 물질인 것이다. 지금까지 이러한 반응이 가능한 것으로 알려진 물질로는 마그네슘이 있다.

눈부신 빛을 내뿜으며 강렬하게 연소하는 마그네슘. 이 마그네슘에 불을 붙인 다음 이산화 탄소 안에 넣어보자. 그러면 불이 꺼지기는커녕 계속 타는 것을 확인할 수 있다. 다 타고 나면 흰색 가루, 즉 산화 마그네슘이 생긴다. 이 산화 마그네슘을 잘 관찰해보면 검은색의 물질이 붙어 있는데, 이것이 바로 탄소다. 이를 화학식으로 나타내면 다음과 같다.

$$2Mg + CO_2 \rightarrow 2MgO + C$$

·8· 화학 변화와 질량 보존 법칙

● 질량 보존 법칙

석회석(탄산칼슘)에 염산을 넣으면 이산화 탄소가 발생한다.

석회석 + 염산 → 이산화 탄소 + 물 + 염화 칼슘

위 반응을 ① 밀폐용기 안에서 실시한 경우와 ② 뚜껑을 열고 실시한 경우, 각각의 질량을 비교해보자(그림 24).

① 이산화 탄소가 공기 중으로 날아가지 않도록 하고 반응시킨다
→ 반응 전후로 물질 전체의 질량은 변함이 없다.

그림 24 석회석과 염산이 반응하면 질량은 어떻게 될까?

② 뚜껑을 열고 반응시킨다

→ 이산화 탄소가 공기 중으로 날아가므로 날아간 만큼 질량이 줄어든다.

화학 변화 전후로 물질 전체의 질량은 변하지 않는다. 즉 질량이 유지되는 것이다. 이를 '질량 보존 법칙'이라고 한다. 질량 보존 법칙은 반응이 일어나는 장소에서 어떤 물질이 나가면 그만큼 가벼워지고, 반대로 어떤 물질이 들어오면 그만큼 무거워진다는 것을 알려준다(그림 25).

그림 25 뚜껑을 덮고 실험하면 질량은 변하지 않는다

문제 철과 마그네슘을 연소시키면 질량이 늘어난다. 늘어난 질량은 붙어 있는 산소의 양만큼이다. 등유와 알코올 등을 연소시키면 처음보다 질량이 줄어든 것처럼 보인다. 이 경우에도 이 질량 보존 법칙은 성립할까?

정답 성립한다

태우기 전후의 물질을 모두 고려하면
질량 보존 법칙이 성립한다.

● 원자 수준의 사고와 질량 보존 법칙

등유나 알코올을 태울 때 생겨난 물질은 이산화 탄소와 물(수증기)로 인해 공기 중으로 날아가버리기 때문에 질량이 줄어드는 것처럼 보인다(그림 27). 그러나 생성된 물질 전체의 질량은 처음 등유와 알코올보다, 반응한 산소의 양만큼 늘어나 있다(그림 26). 연소에서는 반응한 만큼 산소가 공기 중에서 줄어들고, 생성된 물질은 줄어든 산소의 양만큼 원래 물질보다 질량이 늘어나기 때문이다.

원자 수준에서 사고하면 질량 보존 법칙은 당연한 것이다. 물질은 모두 원자로 되어 있다. 화학 변화로 인해 원자가 부서지는 일은 없다. 사라져 없어지는 일도 없다. 어떤 화학 변화가 일어나든 원자의 수와 종류는 변하지 않는다. 다만 원자가 자신과 연결되는

그림 26 철의 산화

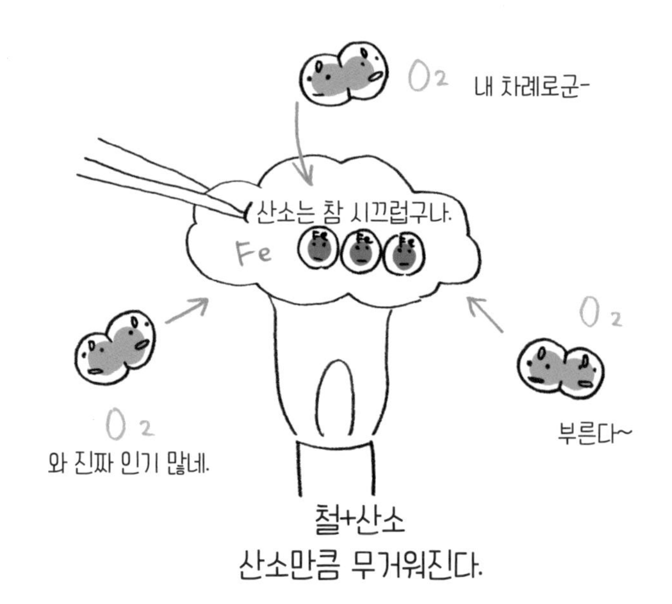

상대를 바꿀 뿐이다. 따라서 처음에는 있었던 원자가 반응 후에도 모두 똑같이 남게 된다. 전체 질량에 변함이 없는 것도 이 때문이다. 화학 반응식으로 계수를 맞추고 화살표 좌우로 원자의 수를 맞추는 것은 화학 변화를 일으켜도 원자의 개수가 변하지 않아서 가능한 일이다.

우리의 몸도 원자로 이루어져 있다. 이 원자들은 이전에 바퀴벌레의 몸이었을지 모른다. 클레오파트라의 원자였을지도 모른다. 원자들은 다양한 변화를 거쳐도 부서지거나 사라지지 않고 우리의 몸을 구성하고 있다. 원자는 불멸한다(한 가지 예외는 방사성 원자다. 방사성 원자는 부서져 다른 원자가 된다).

그림 27 알코올의 연소

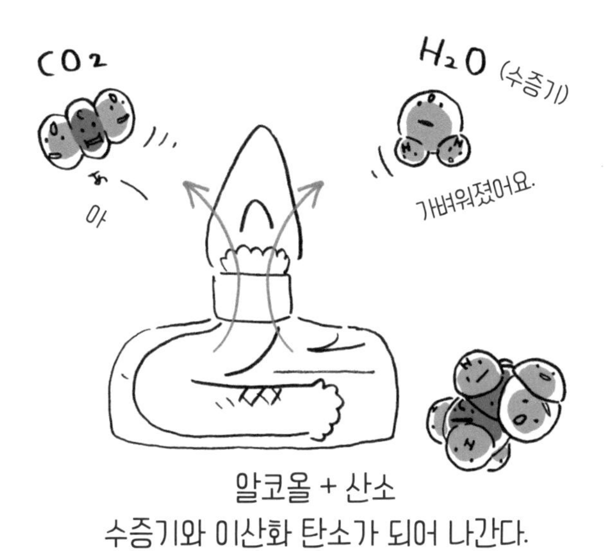

철과 황의 화합 반응, 물질의 산화 · 연소 등의 화학 반응에서는 발열(온도가 올라감)이 일어난다. 일회용 손난로는 철과 산소와 물이 화합 반응을 일으켜 수산화 철이 될 때의 발열을 활용하고 있다. 도시락이나 캔에 든 주류 중에 섭취하기 전에 끈을 당기면 따뜻해지는 상품이 있다. 이런 상품에는 산화 칼슘(생석회)과 물이 따로따로 들어 있어 있는데, 끈을 당기면 이것들이 서로 섞이면서 반응이 일어나 발열한다(이때 생성되는 것은 수산화 칼슘이다).

따로 있던 것들이 서로 붙으면서 발열하고, 붙어 있던 것들이 따로 떨어져나가면 흡열(온도가 떨어진다)하는 경향이 있는 것이다. '만날 때는 뜨거워지고 헤어질 때는 차가워진다'니, 인간 세상에도 통

그림 28 산화 칼슘과 물로 인한 발열

할 것 같은 말이다.

상품 포장 중에는 두드리면 차가워지는 제품도 있다. 여기에는 질산 암모늄과 물이 따로따로 들어 있는데(그림 29), 질산 암모늄을 물에 녹이면 즉시 0℃ 이하로 온도가 내려가는 원리를 이용한 것이다. 반대로 물질을 물에 녹이면 발열하는 경우도 있다. 수산화 나트륨을 물에 녹였을 때가 그렇다. 고체가 물에 녹으면 분자나 이온이 되어 따로따로 떨어져나간다. 그래서 물질을 물에 녹이면 온도가 떨어지는 게 보통이다. 그런데 반대로 온도가 올라간다는 것은 물속에서 새로운 결합이 생겨났다는 뜻이다. 수산화 나트륨은 물에 녹이면 따로 떨어져나가지만, 하나씩 떨어진 이온에 새로 물 분자가 달라붙기 때문에 결과적으로는 달라붙는 반응의 영향이 더 강해서 온도가 올라가는 것이다.

그림 29 질산 암모늄의 용해로 인한 흡열

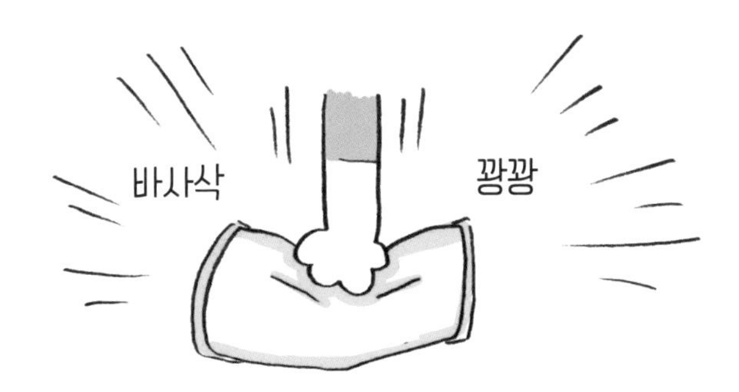

충격을 주면 안에 있는 물주머니가 손상되어
질산 암모늄이 녹는다. 이때 주변의 열을 빼앗는다.

· 9 · 물질의 질량비는 정해져 있어

문제 마그네슘을 연소시키면 질량이 증가한다. 이는 마그네슘에 화합한 산소만큼 질량이 증가했기 때문이다. 그렇다면 일정량의 마그네슘을 계속 가열할 경우 질량이 계속해서 늘어나는 것일까?

(가) 계속 늘어난다 (나) 한계가 있다

● 질량의 변화는 언젠가는 멈춘다

그럼 스테인리스 접시에 마그네슘 가루를 올려 가열해보자. 그래프 1은 그 결과다. 그래프를 보면 어느 순간부터 아무리 가열해도 질량은 늘지 않는다는 사실을 확인할 수 있다. 그러므로 정답은 (나)다.

그래프 1 산화물의 질량과 가열 횟수의 관계

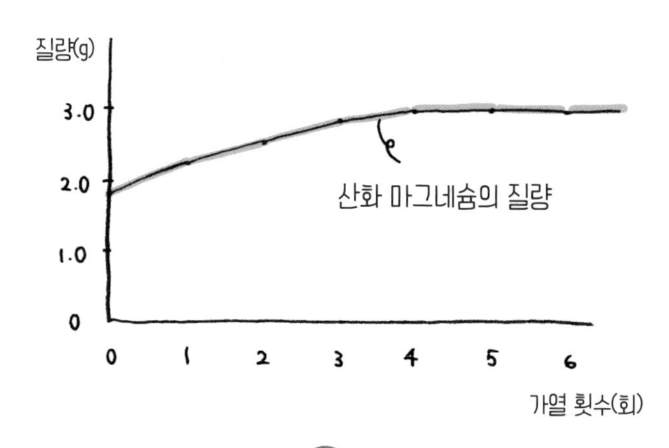

그러므로 마그네슘에 대해 화합 반응을 하는 산소의 질량이 정해져 있다는 것도 알 수 있다. 다음으로 마그네슘의 질량을 바꿔가며 완전히 산화 마그네슘으로 만들었을 경우를 생각해보자. 그래프 2는 마그네슘의 질량과 화합하는 산소의 질량이 비례함을 보여준다.

문제 1 마그네슘과 화합 반응을 일으키는 산소의 질량 비율은 몇 대 몇일까?

문제 2 산화 마그네슘은 마그네슘 원자와 산소 원자가 1:1의 비율로 붙어 있다. 마그네슘, 산소 원자 하나당 질량비는 몇 대 몇이 될까?

그래프 2 산화 마그네슘의 양과 반응 전 마그네슘의 질량 관계

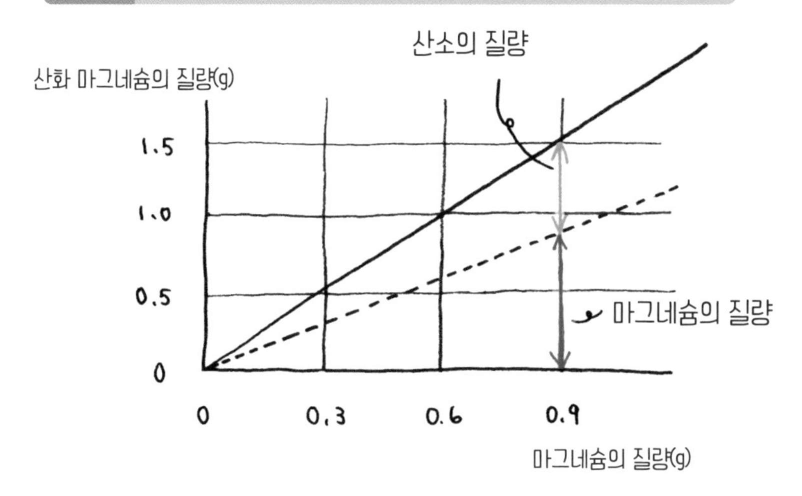

정답

[문제1, 2] 모두 3:2

문제 1에서 그래프를 쉽게 읽으려면 마그네슘 0.6g에 산화 마그네슘 1.0g 부분을 보면 된다. 이때 화합 반응을 일으킨 산소는 1.0-0.6=0.4g 따라서 화합하는 마그네슘과 산소의 질량비는
0.6:0.4=3:2

문제 2에서 산화 마그네슘은 마그네슘 원자와 산소 원자가 1:1이므로 원자의 질량비는 화합 반응을 일으키는 마그네슘과 산소의 질량비와 같다.

● 화학 변화에서의 질량비는 정해져 있다

화합물은 두 종류 이상의 원자가 정해진 비율로 결합해 이루어진다. 또한 각각의 원자는 종류에 따라 질량이 정해져 있다. 예를 들면, 물은 수소 원자 2개에 산소 원자 1개가 붙어 있는 물 분자로 되어 있다. 따라서 물 전체 중 수소와 산소의 질량비는 '수소 원자 2개의 질량 : 산소 원자 1개의 질량'이므로 일정한 수치가 나온다.

수소 원자 1개와 산소 원자 1개의 질량비는 1 : 16이다. 그러므로 물속의 '수소의 질량 : 산소의 질량'='수소 원자 2개의 질량 : 산소 원자 1개의 질량' = 2 : 16 = 1 : 8이다. 산화 마그네슘 속의 마그네슘과 산소처럼 화합물을 만드는 성분의 질량비가 일정한 이유는 어떤 원자와 또 다른 원자가 정해진 비율로 붙기 때문이다.

·10· 원자는 지구를 순환 여행 중

● 약 100종의 원자가 수천만 개의 물질을 만든다

지금까지 배운 분해, 화합, 연소 등의 화학 변화는 우리 주변에서도 자주 일어나고 있다. 금속이 녹스는 현상, 음식이 썩는 현상도 화학 변화에 해당한다(그림 30). 우리는 음식물을 섭취해 영양분으로 삼고 있는데, 영양분은 체내에서 산소 등과의 복잡한 화학 변화를 거쳐 우리 몸을 만들거나 살아가는 데 필요한 에너지를 만들어낸다(그림 31). 우리가 입고 있는 옷도, 식물이 체내의 화학 변화로 만들어낸 물질이나 인간이 화학 변화를 활용해 만들어낸 물질을 재료로 삼아 만든 것이다.

그림 30 녹과 부패는 일상 속 화학 변화

몇 백만, 몇 천만 종류나 되는 물질은 약 100종류의 원자로 이루어져 있다. 물질 중에 원자 이외의 것으로 된 것은 없다. 생물도 무생물도, 당근도 양배추도 소고기도, 모두 원자로 구성되어 있다. 이 원자가 달라붙는 상대 원자를 바꿔가며 다른 물질을 만드는 것이다. 이로써 지구 전체가 무수한 화학 변화 위에 성립되어 있다는 사실을 알 수 있다.

● 불멸하는 원자

지구가 생성된 이래 약 45억 년 동안, 원자는 몇 번이나 화학 변화를 거듭하면서 무사히 현재의 모습에 다다랐다. 그리고 그 원자 하나하나마다 질량이 있다. 우리의 몸무게는 우리 몸을 구성하는 원

그림 31 영양분 흡수도 화학 변화

자 하나하나의 질량을 합친 것이다. 따라서 5kg를 빼고 싶다면 무조건 5kg만큼의 원자를 몸 밖으로 내보내야 한다(그림 32).

우리는 호흡하며 산소 분자를 들이마시고 체내의 반응을 통해 이산화 탄소의 일부가 된 산소 원자를 내뱉는다. 호흡을 한 번 할 때마다 1조의 몇 십억 배가 되는 개수의 산소 원자가 체내를 들락날락하고 있는 셈이다.

식물은 우리가 내뱉은 이산화 탄소를 흡수해 산소 분자를 방출하고 그 산소를 많은 인간과 동물이 들이마신다. 태곳적부터 수많은 세대를 거쳐온 우리의 선조를 비롯해 현대인, 개, 고양이, 곤충 등의 체내로 들어간 산소 원자가 우리 몸으로 들어오고 나간다. 옛날 옛적 김 씨 아저씨의 몸을 만들고 있던 탄소 원자가 지금 우리

그림 32 살을 뺀다는 건 그만큼의 원자를 몸 밖으로 내보내는 것

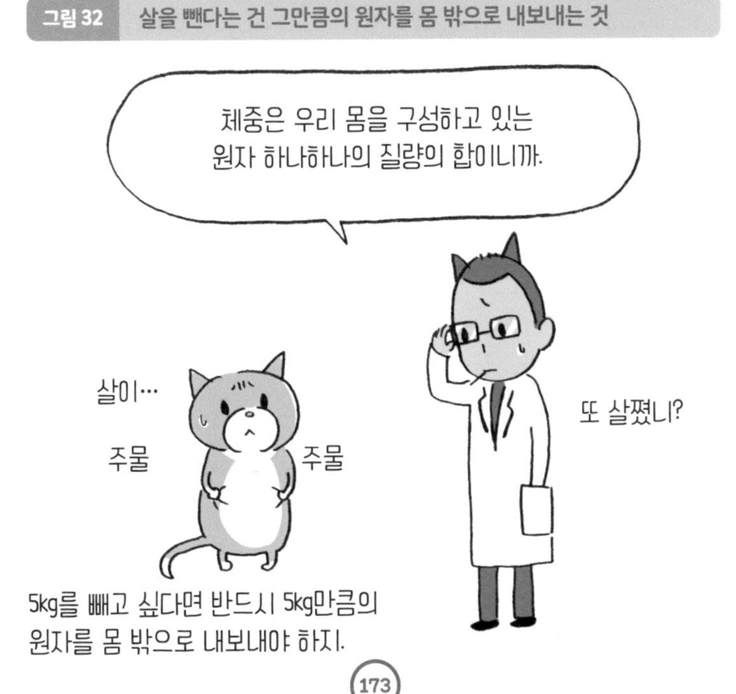

의 오른쪽 팔 근육에 있을 수도 있고, 우리의 뇌세포에 중생대 공룡의 탄소 원자가 들어 있을지도 모른다. 여러분의 가족과 동료의 몸에서 나온 원자가 지금 여러분의 몸 안에 존재할 수 있다는 것도 당연히 추측해볼 수 있다. 원자는 불멸한다.

어느 순간 여러분이 내뱉은 숨 안에 있던 원자가 대기 중으로 날아가 섞이면서, 수년 후에는 공기 중에 전 세계 사람들이 내뱉은 원자가 평균 하나씩은 존재하게 된다는 계산도 있다. 이는 산소 원자뿐만 아니라 우리의 몸을 구성하는 모든 원자의 경우에도 마찬가지다(그림 33). 우리 몸의 일부가 된 원자는 여러 작용을 통해 몸 밖으로 배출되고 그것이 동식물의 일부가 되어 동식물을 섭취한

그림 33 원자의 순환은 당연해

인체의 일부분이 된다. 이 순환은 생물에만 해당되지 않는다. 무생물, 흙, 물, 공기, 나무, 옷 등 모든 것을 구성하는 원자가 화합 · 분해를 거쳐 끊임없이 물질로 모양을 바꾸며 생물과 무생물 사이를 오가고 있는 것이다(그림 34).

그러므로 우리의 몸을 구성하는 원자는 사유물이 아니라 일시적으로 빌려온 것이다. 원자는 지구상의 모든 존재의 공유물이라고 할 수 있다.

그림 34 원자는 지구상의 공유물

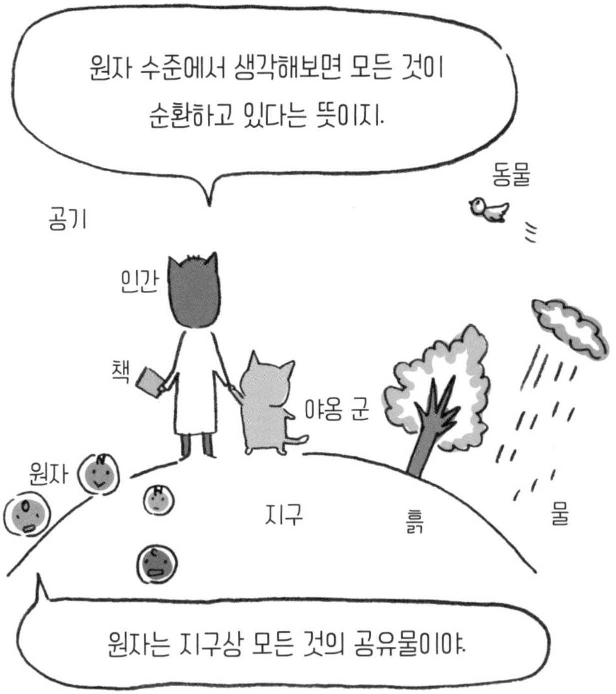

제6장

우리 주변에 둥둥 떠다니는 이온

▼

우리에게 익숙한 물질 중에는 산성 또는 알칼리성 수용액이 많다. 이 수용액은 어떤 성질을 가지고 있을까? 여기서는 원자와 원자단이 전기를 띤 입자인 '이온'임을 알고 산성과 알칼리성에 대해 공부해볼 것이다. 나아가 이온 수준에서 산과 알칼리의 중화 반응에 대해 찬찬히 익혀보자.

·1· 물에 전류가 흐르는 이유

문제 물은 전류가 통할까? 100V에서 40W의 전구를 끼운 전극으로 전구에 불이 들어오는지 시험해보자.

(가) 통한다

(나) 통하지 않는다

• 사실 순수한 물은 전기가 통하지 않는다

젖은 손으로 노출된 전기기구 또는 코드를 만졌을 때 찌릿한 느낌이 들어 황급히 손을 뗀 적이 있을 것이다. 전류는 말라 있을 때보다 젖어 있을 때 잘 통하므로 물에 전류가 흐른다고 생각할 수도 있겠다. 그러나 순수한 물은 거의 전류가 흐르지 않는다. 따라서 정답은 (나)다. 물의 전기 분해에서 수산화 나트륨을 첨가하는 이유도 순수한 물은 전류가 거의 흐르지 않기 때문이다. 순수한 물 그대로는 전기 분해가 되지 않는다. 젖은 손의 경우 순수한 물이 묻어 있는 게 아닐 가능성이 높다. 손에 난 땀 등의 염분(염화 나트륨)이 손에 닿은 물에 녹아 있을 수 있기 때문이다(그림 1).

그림 1 물에 전류가 통하는 이유

문제 그렇다면 무슨 물질이든 물에 녹이면 전류가 흐르는 걸까?

(가) 그렇다

(나) 아니다

● 어떤 물질을 녹이더라도 전류가 흐를까?

아무 물질이나 물에 녹인다고 해서 전류가 흐르는 것은 아니다. 정답은 (나)다.

● 전해질과 비전해질

전류를 흐르게 하는 수용액과 흐르지 않게 하는 수용액이 있다. 전류를 흐르게 만드는 수용액은 염화 나트륨 수용액, 염산, 수산화 나트륨 수용액 등이다(그림 2). 염화 나트륨처럼 수용액이 전류를 흐르게 하는 물질을 '전해질'이라고 한다.

한편, 전류를 흐르지 않게 하는 수용액에는 설탕 수용액, 포도당 수용액, 에탄올 수용액 등이 있다(그림 3). 설탕과 같이 수용액이 전류를 흐르지 않도록 하는 물질을 '비전해질'이라고 한다.

전해질이란 '전기 분해가 일어나는 용질'이라는 의미다. 용질은 수용액에 녹아 있는 물질이라고 앞서 설명한 바 있다. 전해질 수용액에 전류를 흐르게 하면 모든 경우에 전기 분해가 일어난다.

그림 2 전류를 흐르게 하는 수용액

전류를 흐르게 하는 것(전해질)

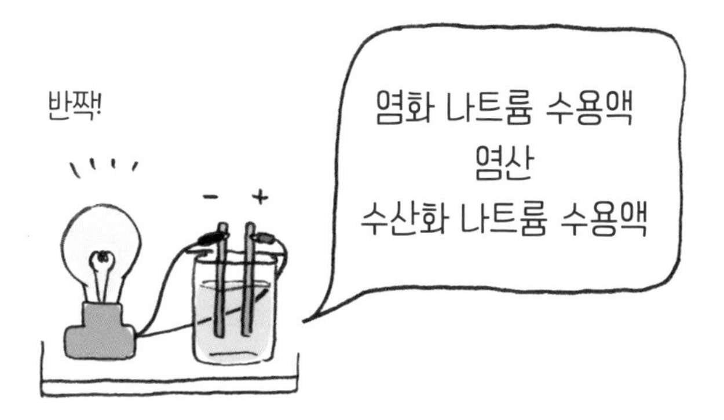

그림 3 전류가 흐르지 않는 수용액

전류를 흐르지 못하게 하는 것(비전해질)

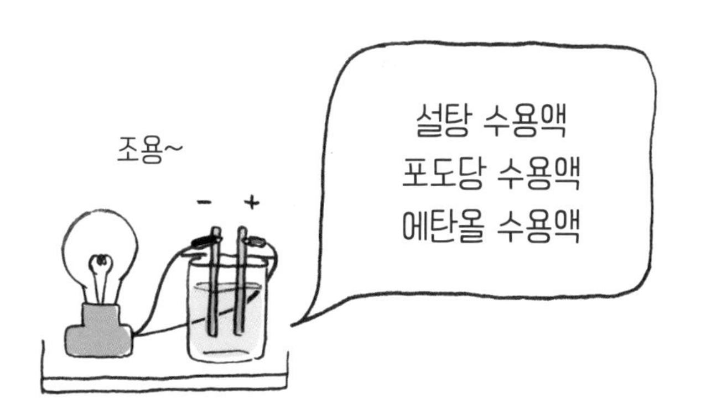

·2· 비밀은 움직이는 이온에 있다

● 염화 구리 수용액의 전기 분해

구리와 염소의 화합물인 염화 구리를 물에 녹이면 푸른색의 염화 구리 수용액이 된다. 이 수용액에 탄소 전극을 넣고 전압을 걸어봤다(그림 4). 그러자 다음과 같은 결과가 나타났다.

① 음극의 표면에는 붉은색 물질이 붙어 있다
→ 구리가 석출되었다.
② 양극에서는 수영장 소독약 냄새가 나는 기체가 발생했다
→ 염소가 발생했다.

그림 4 염화 구리 수용액의 전기 분해

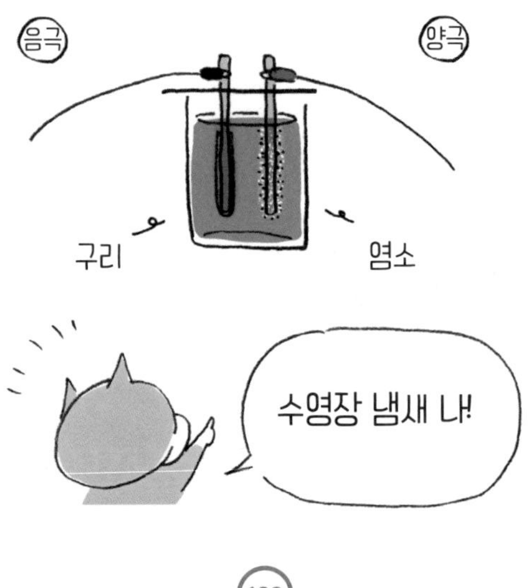

이 결과로부터 염화 구리 수용액 안에는 음극에서 구리로 석출되는 것, 양극에서 염소가 되는 것이 들어 있다는 사실을 알 수 있다. 실제로 염화 구리 수용액 안에는 플러스(+) 전하를 가진 구리 원자, 마이너스(-) 전하를 가진 염소 원자가 따로따로 존재하고 있다. 여기서 전기를 띤 원자를 '이온'이라고 부른다. 이온에는 (+)전하를 가진 양이온, (-)전하를 가진 음이온이 있다.

● 우리 주변에 존재하는 수많은 이온

우리가 일상적으로 마시는 청량음료에도 전류가 흐른다. 간장이나 소스에도 전류가 흐르고 있다. 그뿐 아니라 수돗물에도 약간의 전류가 흐른다. 사실 우리의 혈액과 소변에도 전류가 흐르고 있다. 대부분 이온이 들어 있는 셈이다.

전해질 수용액에 전류가 흐르는 것은 수용액 안에 있는 이온이 움직여 전류를 움직이는 역할을 하기 때문이다. 염화 나트륨 수용액과 같은 전해질 수용액이란, 이온이 떠 있는 수용액을 말한다(그림 5).

설탕 수용액과 같은 비전해질 수용액에는 이온이 들어 있지 않다(그림 5). 비전해질 수용액 안에는 이온이 아닌, 전하를 띠지 않은 분자가 흩어져 존재하기 때문에 전류가 흐르지 않는다.

• 언제 이온이 되었을까?

염화 나트륨 수용액 안에는 염소도 나트륨도 이온으로 존재하는데, 이것은 언제부터 이온이 된 것일까? 물에 녹기 전부터? 녹았을 때부터? 전압을 걸었을 때부터? 결론부터 말하자면 물에 녹기 전부터 이온으로 존재한다. 염화 나트륨과 염화 구리 등은 고체 상태일 때부터 이온으로 되어 있다. 물에 녹으면 서로 단단하게 연결되어 있던 이온이 제각각 떨어지게 된다.

그림 5 전해질 수용액과 비전해질 수용액

·3· 원자로 보는 이온의 정체

이온이란 전하를 띤 원자와 원자단(화합물에서 몇 개의 원자가 서로 결합해 마치 하나의 원자 구실을 하는 집단)을 말한다. 여기서 원자의 구조를 살짝 엿보면서 나트륨 원자와 나트륨의 이온(나트륨 이온), 염소 원자와 염소의 이온(염화 이온)에 대해 알아보자(그림 6, 7).

그림 6 나트륨 이온

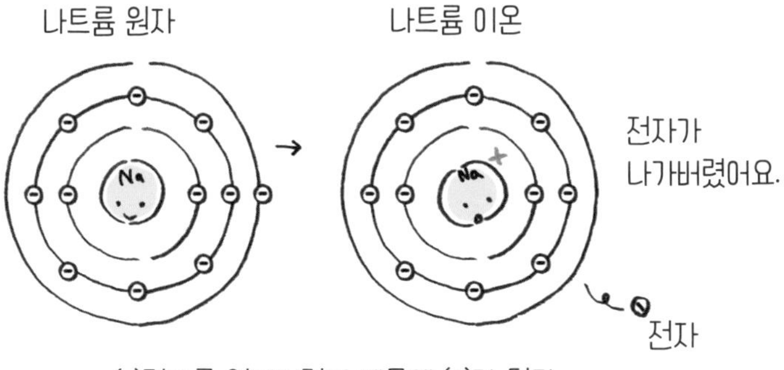

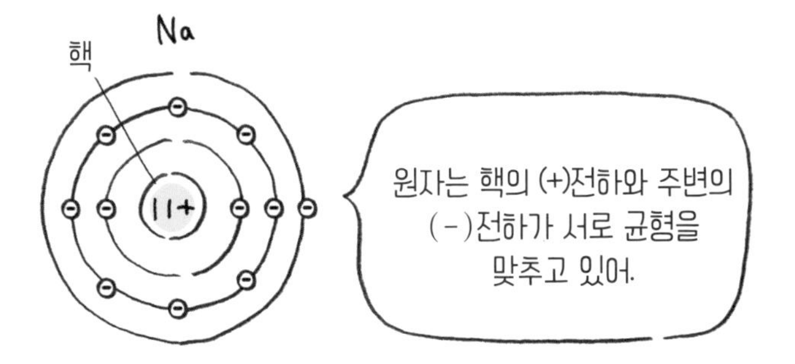

• 원자의 구조로 알아보는 이온

원자는 (+)전하를 띤 원자핵과 (-)전하를 띤 전자로 이루어져 있다. 일반적으로 원자핵의 (+)전하량과 전자의 (-)전하량이 같아 원자는 전기적으로 중성이다.

원자는 (-)전하를 띤 전자를 다른 물질에 주고 다른 물질로부터 받는 경우가 있다. 예를 들어 나트륨 원자는 전자 1개를 다른 물질에 주려는 성질이 있다. 여기서 받으려는 상대가 있으면 바로 전자를 줘버린다. 그 결과 나트륨 원자는 전자 1개를 잃어버린 만큼 (+)전하를 띠게 되는 것이다. 이것이 나트륨 이온이다.

• 염화 이온

염소 원자는 전자 1개를 다른 물질로부터 받아오려는 성질이 있다. 전자를 내주는 상대가 있다면 바로 전자 1개를 받아온다. 그 결과 염소 원자는 전자 1개를 받아온 만큼 (-)전하를 띠게 된다. 이것이 염화 이온이다.

• 음이온과 양이온

나트륨과 염소가 화합물을 만들면 전자를 주고받게 된다. 이처럼 원자가 전자를 다른 물질에 주면, 내준 전자의 수와 똑같은 개수의 (+)전하를 가진 양이온이 되고, 반대로 원자가 전자를 받아오면 받아온 전자의 개수와 똑같은 개수의 (-)전하를 가진 음이온이 된다.

일반적으로 금속 원자는 전자를 다른 물질에 내주고 (+)전하를 띤 원자, 즉 양이온이 되기 쉬운 데 비해, 비금속 원자는 전자를 다른 물질로부터 받아와 (-)전하를 띤 원자, 즉 음이온이 되기 쉬운 성질이 있다.

• 이온의 명칭

양이온은 원소명에 '이온'을 붙이면 되지만 음이온은 염화 이온(염소의 이온), 수산화 이온처럼 '○○화 이온'이라고 부른다. 단, 음이온에서도 질산 이온처럼 '○○화'가 붙지 않는 경우도 있다.

그림 7 염화 이온

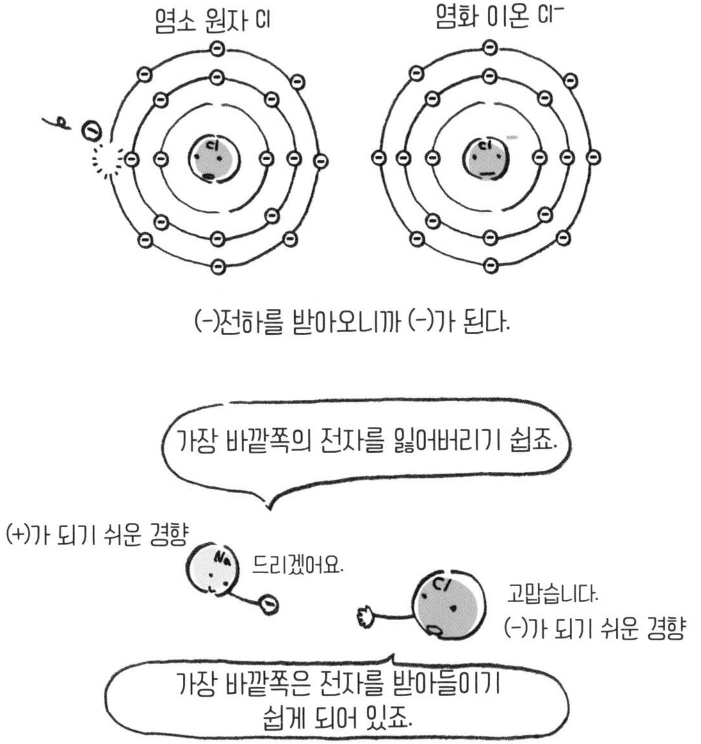

◎ 건강에 좋다는 음이온이 바로 화학의 음이온? ◎

먼저, 시중에서 건강에 좋다고 홍보하는 음이온은 화학에서 배우는 음이온과는 완전히 다르다는 점을 밝혀둬야겠다. 가장 가까운 예로 대기과학에서 말하는 음이온이 있다. "폭포에서는 다량의 음이온이 발생한다"고 할 때의 음이온이 대기과학에서 말하는 음이온을 뜻한다. 이때의 음이온이 실제로 건강에 좋은지 나쁜지에 대해서는 밝혀진 근거가 없다.

'음이온 열풍'에 불을 지핀 장본인은 일본의 어느 텔레비전 방송이었다. 1999년에서 2002년에 걸쳐 방송된 음이온 특집에서 음이온의 놀라운 효능을 대대적으로 소개한 것이다. 양이온을 흡수하

면 심신의 건강에 좋지 않은 데 반해 음이온은 공기를 정화하고 들이마시면 기분이 안정되며 혈액이 맑아지고 아토피와 고혈압에도 효과가 있다, 즉 건강에 좋다는 논리였다. 프로그램의 내용은 물론 과학적으로 근거가 없는 유사과학이지만, 그래도 음이온 열풍은 계속 번졌다. 이러한 열풍은 '음이온 발생'이라고 광고하는 것만으로도 그 제품을 사용하면 저절로 몸이 좋아질 것 같은 이미지가 형성되는 지경에 이르렀다.

그게 사실이든 아니든 상품이 날개 돋친 듯 팔리자 한몫 잡아보려는 사람들도 유례없이 늘어났다. 결국에는 이름이 알려진 기업조차 음이온 또는 그와 비슷한 효능을 선전하며 상품을 내놓기 시작했다. 에어컨, 냉장고, 컴퓨터, 마사지기, 드라이어, 의류와 수건 등 광범위한 상품에서 음이온이 나온다는 광고를 했다. 게르마늄과 티타늄을 이용한 팔찌와 목걸이는 음이온이 나오니까 건강에 좋다는 선전을 했다. 토르말린이 들어 있는 물, 자석을 활용한 정수기 등도 음이온 효과를 내세우고 있었다. 그러나 이들 상품에는 건강에 좋다는 근거가 없다. 흔히 음이온 상품에는 음이온 측정기로 측정했다며 '음이온 1cc당 수십만 개'라는 수치가 붙어 있지만, 공기 중 분자 수와 비교하면 미미한 수준이라는 점을 유의해야 한다.

음이온은 그 실체가 분명하지 않다, 건강에 좋다는 증거가 없다, 제품에 따라 유해한 오존과 질소 산화물을 발생시키는 것이 있다는 등의 비판에 힘입어 한때의 열풍은 마침내 한풀 꺾였다. 하지만 이것이 유사과학이라는 것을 모르는 소비자를 대상으로 눈속임 상품을 판매하는 데 아직도 이용되고 있다.

·4· 이온 기호 표시해보기

이온은 원소 기호에 가지고 있는 전기의 종류와 양을 표시하는 기호를 붙이는 방법으로 나타낸다. 원소 기호의 오른쪽 위에 $^+$나 $^-$처럼 이온이 가진 전기의 종류와 양을 표시하는 것이다. 수산화 이온인 OH^-는 산소 원자와 수소 원자가 1개씩 붙어 있으며 전체적으로 (-)전하를 띠는 이온이다.

● 자주 나오는 이온 기호

다음은 자주 나오는 이온의 기호다.

나트륨 이온	Na^+
수소 이온	H^+
염화 이온	Cl^-
수산화 이온	OH^-
칼슘 이온	Ca^{2+}
구리 이온	Cu^{2+}
황산 이온	SO_4^{2-}

◎ 이온에서 나오는 물질의 화학식 ◎

이온에서 나오는 물질은 양이온과 음이온으로 되어 있다. 예를 들면 염화 나트륨은 양이온인 나트륨 이온 Na^+, 음이온인 염화 이온 Cl^-으로 이루어져 있다.

양이온과 음이온은 전기적으로 정확히 '플러스 마이너스 제로'가 되는 비율로 연결되어 있다. Na^+와 Cl^-는 1 : 1로, +와 -가 전기적으로 서로 상쇄되기 때문에 Na^+Cl^-이 되지만, 화학식에서는 왼쪽 위에 있는 +와 -는 떼고 NaCl로 쓴다. 이는 NaCl이 Na^+와 Cl^-가 1 : 1의 비율로 다량 결합해 있다는 것을 나타내기도 한다.

그렇다면 칼슘 이온 Ca^{2+}와 염화 이온 Cl^-가 결합하면 어떤 화학식이 될까? 칼슘 이온 1개는 (+)전하 2개, 염화 이온 1개는 (-)전하를 갖고 있으므로 1:1로 보면 +가 남아 플러스 마이너스 제로가 되지 않는다. 따라서 Ca^{2+}와 Cl^-는 1 : 2로 보아야 +와 -가 전기적으로 플러스 마이너스 제로가 된다. 그러므로 $CaCl_2$로 표기한다. 이것이 염화 칼슘이다.

칼슘 이온 Ca^{2+}와 수산화 이온 OH^-이 결합하면 Ca^{2+}와 OH^-가 1 : 2의 비율로 만난다. 화학식 안에서 OH가 2개 있을 때는 $(OH)_2$로 나타내므로 $Ca(OH)_2$가 된다. 이것은 수산화 칼슘이다.

·5· 전해질 수용액에 전류가 흐르는 원리

염산을 예로 들어 전해질 수용액에 전류가 흐를 때 일어나는 현상에 대해 생각해보자.

● 염화 수소의 이온화

염산은 염화 수소(HCl)라는 기체의 수용액이다. 염화 수소를 물에 녹이면 수소 이온과 염화 이온으로 나뉜다. 이때 물속에서 양이온과 음이온이 되는 것을 '이온화'라고 한다(그림 8). 이온화 과정을 식으로 나타낸 것을 '이온식'이라고 하는데 이 경우에는 다음과 같다.

$$HCl \rightarrow H^{+} + Cl^{-}$$

그림 8 이온화

● 전극에서 전자를 주고받다

음극에서 수소 이온은 전자를 받아 수소 원자가 되고 양극에서 염화 이온은 전자를 빼앗겨 염소 원자가 된다(그림 9). 수소 원자와 염소 원자는 원자 상태로 있기보다 2개가 연결되어 분자가 되고 싶어하므로 가까이에 있는 원자끼리 결합해 분자가 된다. 따라서 음극에서는 수소, 양극에서는 염소가 발생한다(그림 10).

그림 9 전극으로 끌려오는 이온

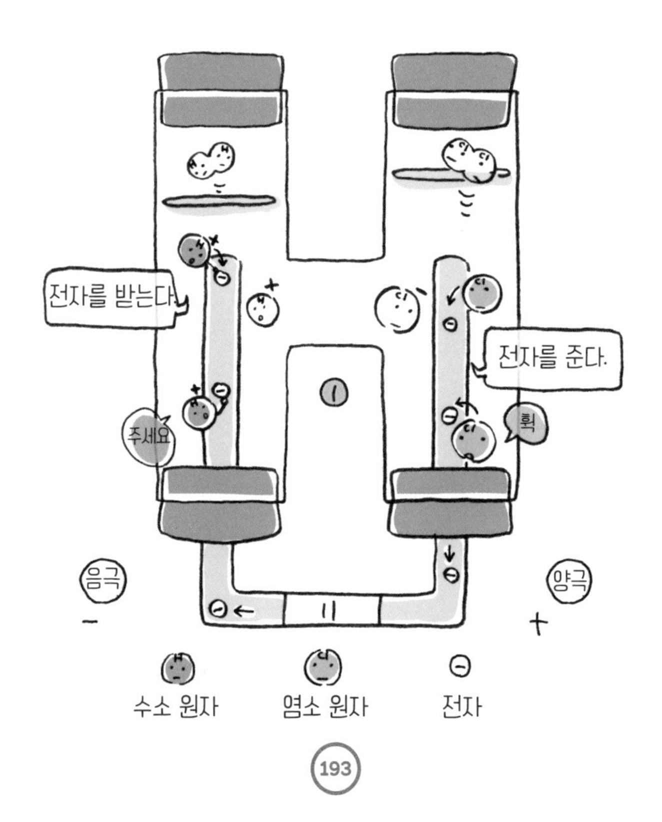

● 이온과 원자의 관계

염산의 전기 분해에서 볼 수 있는 이온과 원자의 관계는 다음과 같다(-는 전자).

$2H^+$	+	2(-)	→	H_2		
수소 이온		전자		수소 분자		
$2Cl^-$			→	Cl_2	+	2(-)
염화 이온				염소원자		전자

그림 10 분자 상태로 존재하는 수소와 염소

② H는 H H 수소 분자가 되고
Cl은 Cl Cl 염소 분자가 되며 각각 생겨난다.

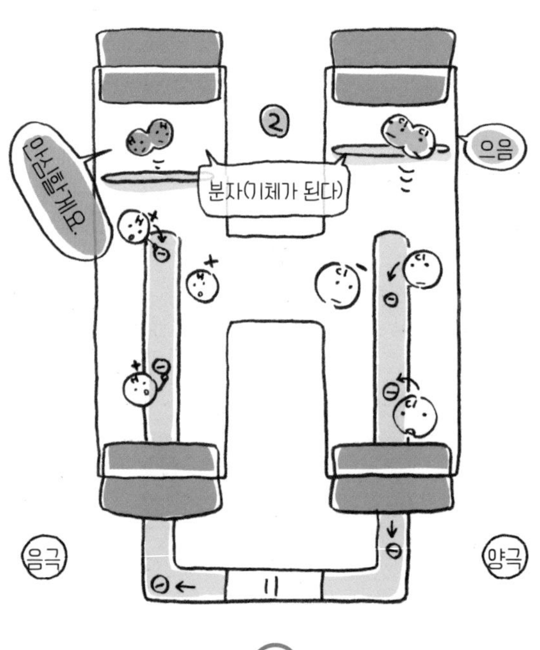

흐늘흐늘
불쌍한 동상…
울고 있잖아….
동상이 녹으며 눈물 흘리는 현상은
산성비가 원인이야.
산성비요?
빗물에는 H^+가
들어 있거든요.
표면의 녹슨 구리가 산성비에
녹아버리는 거죠.
빗물에는 공장에서 내뿜은 물질 등
다양한 것이 녹아 있거든.

◎ 화학 변화의 에너지를 전기 에너지로, 화학 전지 ◎

전지는 크게 화학 전지와 물리 전지로 나뉜다. 전자계산기에 들어 있는 전지는 화학 변화 없이 태양 빛으로 만든 에너지를 전기 에너지로 바꾸는 물리적 전지다.

보통 '전지'라고 하면 화학 전지를 가리킨다. 화학 전지는 산화 · 환원 반응을 이용해 화학 변화에서 비롯된 에너지를 전기 에너지로 변환하는 장치다. 즉 전기 분해가 전기 에너지로 물질을 분해하는 것과는 반대인 셈이다. 화학 전지는 기본적으로 양이온이 되기 쉬운 금속과 전자를 잘 받아오는 물질, 그리고 그것들을 둘러싼 용액(전해질)으로 되어 있다(그림 11).

그림 11 알칼리 건전지의 구조

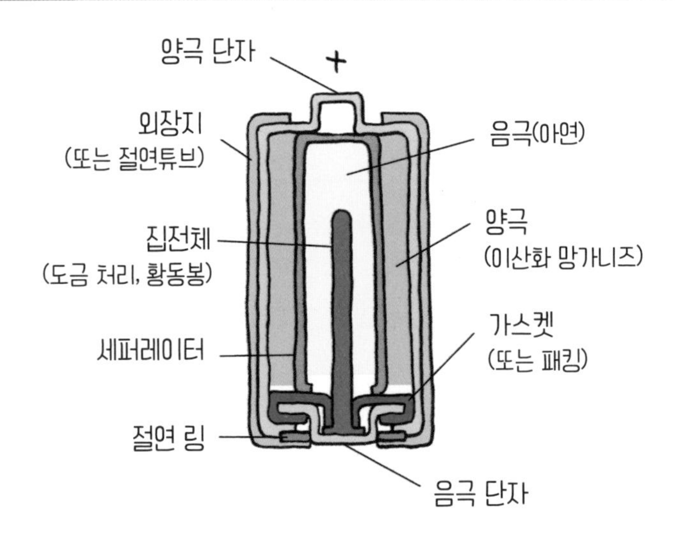

금속에는 양이온이 잘 되는 것이 있고 그렇지 않은 것이 있다. 여기서 금속이 양이온이 잘 되는 정도를 '이온화 경향'이라고 한다(그림 12). 화학 전지에서는 이온화 경향이 큰 금속이 음극(-극)이 된다. 음극으로 쓰이는 금속은 양이온이 되어 녹기 쉬우므로 전극에 더 많은 전자를 남기기 쉽다. 남은 전자는 양극(+극)으로 줄줄이 이동한다.

예를 들어 알칼리 건전지나 망가니즈 건전지에서 음극은 아연이다. 양극에서 전자를 받는 물질은 이산화 망가니즈다. 알칼리 건전지에서는 수산화 칼륨 수용액이, 망가니즈 건전지에서는 염화 아연 수용액이 전해질 수용액으로 쓰인다.

그림 12 이온화 경향

이온화 경향

양이온이 되기 쉽다 ←

Na > Mg > Al > Zn > Fe > Sn

→ 양이온이 되기 어렵다

> (H_2) > Cu > Ag > Pt > Au

·6· 산성 수용액과 알칼리성 수용액의 차이

식초와 레몬 등은 신맛이 난다. 신맛이 나는 것에는 공통적으로 산(酸, Acid)이라는 물질이 들어 있다. 산으로는 염산, 황산, 질산, 구연산 등을 꼽을 수 있다. 또한 식용 식초는 아세트산, 레몬은 구연산을 함유하고 있다.

이들 산 수용액은 신맛(산미)이 있고 마그네슘, 아연, 철 등의 금속을 녹이며 푸른색 리트머스 시험지를 붉은색으로 물들이는 공통 성질을 지닌다(그림 13). 이와 같은 산 수용액의 공통 성질을 '산성'이라고 부른다.

산 수용액은 산성이라는 공통의 성질을 어떻게 가지게 된 걸까?

그림 13 산이란 무엇일까?

모든 산에는 물에 녹이면 수소 이온이 되는 수소 원자가 들어 있다(그림 14). 예를 들어 염산은 HCl, 황산은 H_2SO_4라는 화학식으로 표기하는데, 앞의 H는 물속에서 이온화되어 수소 이온이 된다.

HCl	→	H^+	+	Cl^-
염화 수소		수소 이온		염화 이온
H_2SO_4	→	$2H^+$	+	SO_4^{2-}
황산		수소 이온		황산 이온

결국 산은 물에 녹아 수소 이온 H^+를 방출하는 물질이다.

그림 14 수소 이온을 방출하는 게 산

◎ 산성비 ◎

우리나라에서도 매우 넓은 범위에 걸쳐 산성비가 내린다. 이 산성비를 이해하려면 pH(피에이치라고 읽는다)에 관한 지식이 있어야 한다. pH는 산성의 정도를 나타내는 기준이다. 보통 0~14까지 있는데, 중성이 7이고 7보다 작으면 산성, 크면 알칼리성으로 분류한다. 7보다 작으면 작을수록 산성은 강해진다. 참고로 레몬즙은 pH 2.3, 식초는 pH 3.3이다.

빗방울은 떨어지면서 공기 중에 있는 물질을 녹인다. 대기오염이 없을 때도 이산화 탄소를 용해하기 때문에 빗방울은 약간 산성이 되어 pH 5.6이 된다. 이산화 탄소가 물에 녹으면 탄산이라는 약한 산성 물질이 된다. pH가 이보다 작으면, 즉 산성의 정도가 강하면 이산화 탄소 외의 산성 물질을 녹였다는 뜻이다.

일반적으로는 산성비란 대개 pH 5 이하의 비를 말한다. 황산화물이나 질소 산화물이 물에 녹으면 질산, 아황산, 초산, 아질산 등의 산성 수용액이 된다. 석유, 석탄에는 황이 들어 있다. 석유와 석탄을 태운 배기가스를 그대로 배출하면 황산화물 때문에 대기가 오염되고 만다. 자동차 엔진 속은 고온이므로, 일반적으로는 반응하지 않는 공기 중의 질소와 산소가 서로 결합하게 된다. 이렇게 질소 산화물이 대기 중에 방출된다. 산성비의 원인은 주로 이 황산화물과 질소 산화물이다.

그림 15 우리 주변의 물질과 pH

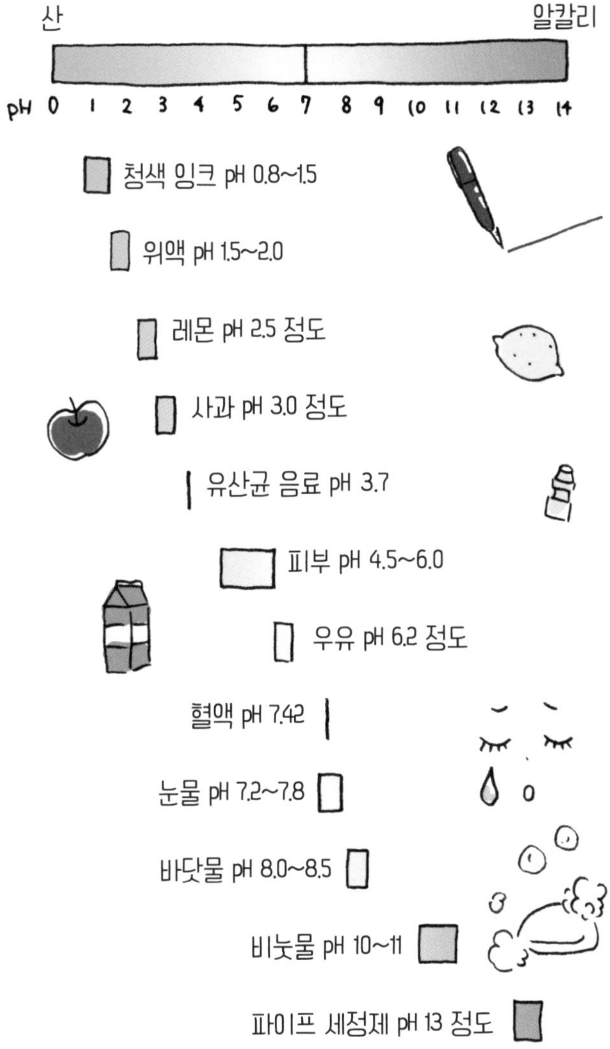

산 알칼리

pH 0 1 2 3 4 5 6 7 8 9 10 11 12 13 14

청색 잉크 pH 0.8~1.5

위액 pH 1.5~2.0

레몬 pH 2.5 정도

사과 pH 3.0 정도

유산균 음료 pH 3.7

피부 pH 4.5~6.0

우유 pH 6.2 정도

혈액 pH 7.42

눈물 pH 7.2~7.8

바닷물 pH 8.0~8.5

비눗물 pH 10~11

파이프 세정제 pH 13 정도

● 알칼리성 수용액의 특징

이번엔 알칼리에 대해서 배워보자. 수산화 나트륨, 수산화 칼륨 등이 바로 알칼리다. 이들 물질의 수용액은 붉은색 리트머스 종이를 푸른색으로 바꾸거나 산과 반응해 산성을 없애는 등의 공통 성질이 있다(그림 16). 이와 같은 성질을 '알칼리성'이라고 부른다. 어떻게 해서 알칼리는 물에 녹으면 알칼리성이라는 공통의 성질을 나타낼 수 있는 걸까? 다음의 화학식을 보자.

수산화 나트륨	$NaOH$
수산화 칼륨	KOH
수산화 칼슘	$Ca(OH)_2$

그림 16 알칼리란 무엇일까?

$Ca(OH)_2$의 $(OH)_2$는 OH가 2개 있는 것을 나타낸다. 이것을 물에 녹이면 다음과 같이 이온화된다.

NaOH	→	Na	+	OH^-
수산화 나트륨		나트륨 이온		수산화 이온
KOH	→	K^+	+	OH^-
수산화 칼륨		칼륨이온		수산화 이온
$Ca(OH)_2$	→	Ca^{2+}	+	$2OH^-$
수산화 칼슘		칼슘 이온		수산화 이온

알칼리란 물에 녹아 수산화 이온 OH^-를 방출하는 물질이다(그림 17).

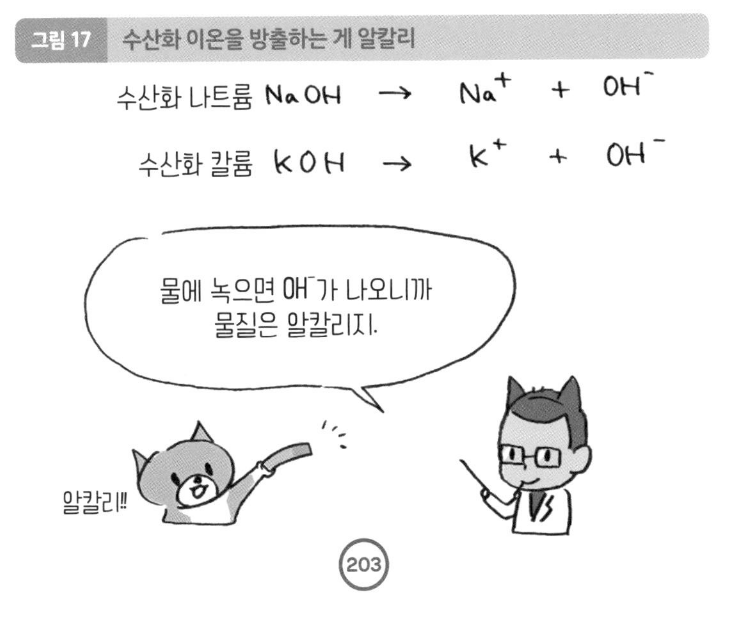

그림 17 수산화 이온을 방출하는 게 알칼리

◎ 암모니아수는 알칼리성 ◎

암모니아(NH_3) 수용액도 알칼리성을 나타낸다. 암모니아는 다음과 같이 물과 반응해 수산화 이온을 생성하기 때문이다.

NH_3	+	H_2O	→	NH_4^+	+	OH^-
암모니아		물		암모늄 이온		수산화 이온

그림 18 암모니아가 알칼리성인 이유

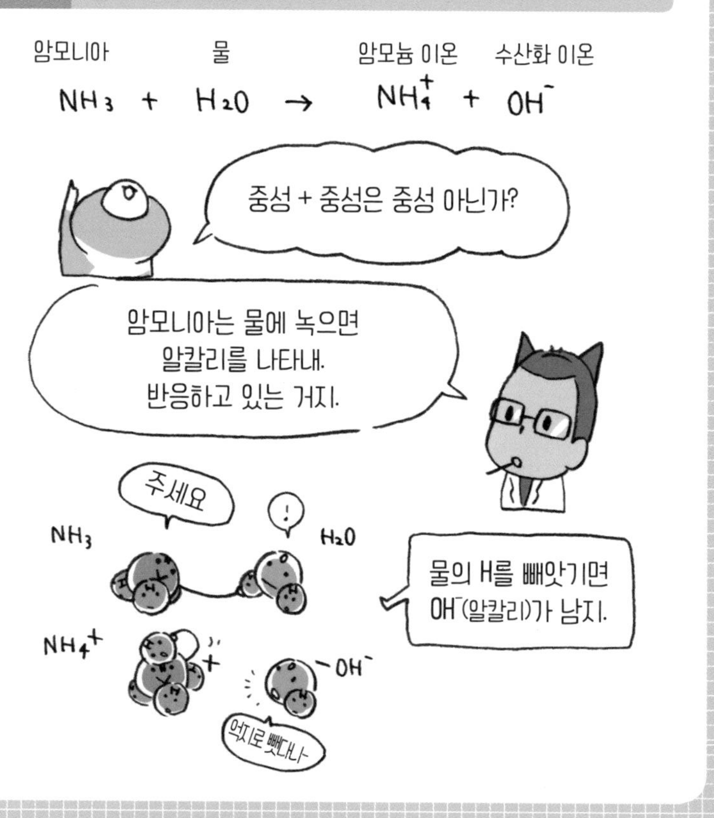

·7· 산과 알칼리를 섞으면 어떻게 될까?

산과 알칼리를 반응시키면 서로의 성질이 없어진다. 이 현상을 '중화'라고 한다(그림 19).

산성의 원인인 수소 이온도, 알칼리성의 원인인 수산화 이온도 사라져버리는 반응이므로 양쪽 성질이 모두 없어진다. 수소 이온과 수산화 이온은 서로 합쳐져 물이 되어버린다.

H^+	+	OH^-	→	H_2O
수소 이온		수산화 이온		물

그림 19 중화

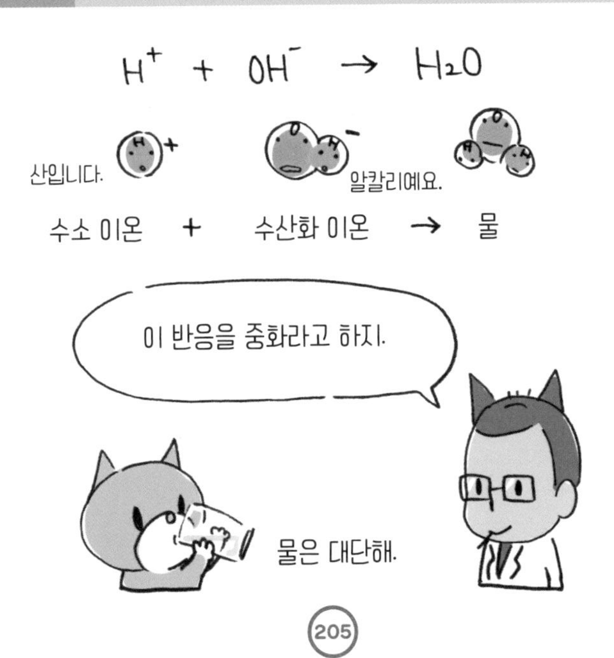

중화란, 산인 수소 이온과 알칼리인 수산화 이온에서 물이 생겨나는 반응이라고 할 수 있다. 다음의 문제를 풀면서 염산과 수산화 나트륨 수용액의 중화 반응에 대해 생각해보자.

문제 **다음 문장에 빈칸을 채워보자.**

염산에는 (가)와 (나)라는 이온 2개가 있다. 수산화 나트륨 수용액 안에는 (다)와 (라)라는 이온 2개가 있다.
이것을 섞으면 (가) + (나) + (다) + (라) → (마) 가 된다.

H^+와 OH^-는 서로 합쳐져 H2O가 되는데, Na^+와 Cl^-은 따로 존재한다(이온화된 상태다). 즉 염화 나트륨 수용액이 만들어지는 셈이다. 실질적으로 반응한 이온(알짜 이온, Net Ion)은 H^+와 OH^-뿐이다.

정답

가: H^+

나: Cl^-

다: Na^+

라: OH^-

마: $Na^+ + Cl^- + H_2O$

염화 나트륨 수용액이 만들어졌다는 것은 염화 나트륨이 만들어졌다는 뜻이다. 여기서 물을 증발시키면 염화 나트륨 결정을 얻을 수 있다. 이온 반응식에서는 Na^+와 Cl^-가 따로 떨어져 있지만 화학 반응식에서는 다음과 같이 나타낸다.

HCl	+	NaOH	→	NaCl	+	H_2O
염산		수산화 나트륨		염화 나트륨		물

중화 반응에서는 반드시 물이 생겨나는데, 물 이외에도 산의 음이온과 염기의 양이온이 합쳐진 물질이 생겨난다. 이 물질을 '염'(塩)이라고 부른다.

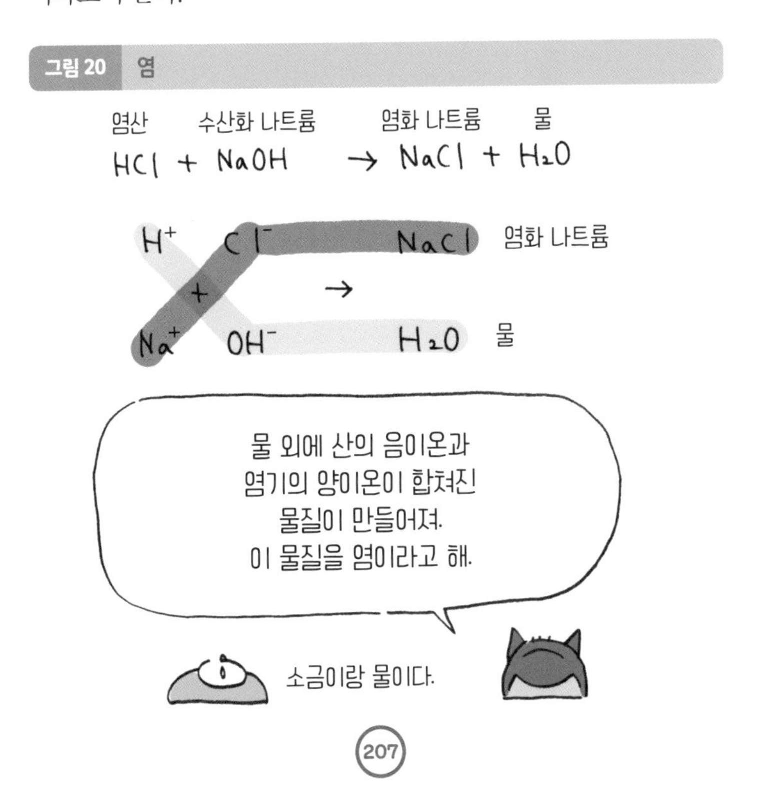

그림 20 염

염산과 수산화 나트륨의 중화 반응에서는 염화 나트륨(NaCl)이라는 염이 만들어진다(그림 20). 산의 종류와 알칼리의 종류가 다르면 만들어지는 염도 다르다. 이를 정리하면 다음과 같다.

산 + 알칼리 → 염 + 물

문제 **아래에 짝 지은 산과 알칼리의 중화 반응에서는 어떤 염이 생성될까? 염의 명칭과 화학식을 답해보자.**

① 염산(HCl)과 수산화 칼슘($Ca(OH)_2$)

② 황산(H_2SO_4)과 수산화 나트륨($NaOH$)

정답

① 염화 칼슘($CaCl_2$)

② 황산 나트륨(Na_2SO_4)

끝 ☆
수고하셨습니다 ~
휴
휙
z z z
수고했어요.

찾아보기

| ㅇ |

| ㅍ |

| ㅎ |

처음부터 화학이 이렇게 쉬웠다면

제1판 1쇄 발행 | 2021년 2월 26일
제1판 7쇄 발행 | 2024년 7월 15일

지은이 | 사마키 다케오
옮긴이 | 전화윤
감수자 | 노석구
펴낸이 | 김수언
펴낸곳 | 한국경제신문 한경BP

주소 | 서울특별시 중구 청파로 463
기획출판팀 | 02-3604-590, 584
영업마케팅팀 | 02-3604-595, 583 FAX | 02-3604-599
H | http://bp.hankyung.com E | bp@hankyung.com
F | www.facebook.com/hankyungbp
등록 | 제 2-315(1967. 5. 15)

ISBN 978-89-475-4693-5 44430
978-89-475-4696-6 44400(세트)

책값은 뒤표지에 있습니다.
잘못 만들어진 책은 구입처에서 바꿔드립니다.

물리, 생물 편에서 다시 만나요!